普通高等教育"十三五"规划教材

个人整体形象塑造

韩雪飞　编著

GEREN
ZHENGTI
XINGXIANG
SUZAO

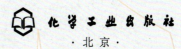

·北京·

内容提要

本书主要包括如下内容：从理论层面介绍个人整体形象塑造的概念、作用和意义以及构成要素；具体分析在个人整体形象塑造中的型、色、款三个方面运用于人体、妆面、发型、饰品、服装等一些方面的特征要素和搭配要点，本书针对不同体型的人给出对应的形象塑造建议；通过了解礼仪规范提高修养和言谈举止；通过学习语言表达艺术优化个人整体形象的塑造；最后将个人整体形象塑造的所有元素进行整合，给出具体的搭配方案。

本书适合艺术设计、服装、人物形象等相关专业学生选作教材，也适合所有对个人整体形象塑造有需要的单位和个人学习选用。

图书在版编目（CIP）数据

个人整体形象塑造/韩雪飞编著. —北京：化学工业出版社，2020.9（2023.8重印）
ISBN 978-7-122-36976-5

Ⅰ.①个… Ⅱ.①韩… Ⅲ.①个人-形象-设计 Ⅳ.①B834.3

中国版本图书馆CIP数据核字（2020）第084554号

责任编辑：蔡洪伟　　　　　　　　　　文字编辑：谢蓉蓉
责任校对：王素芹　　　　　　　　　　装帧设计：王晓宇

出版发行：化学工业出版社（北京市东城区青年湖南街1号　邮政编码100011）
印　　装：北京缤索印刷有限公司
787mm×1092mm　1/16　印张11　字数245千字　2023年8月北京第1版第3次印刷

购书咨询：010-64518888　　　　　　　售后服务：010-64518899
网　　址：http://www.cip.com.cn
凡购买本书，如有缺损质量问题，本社销售中心负责调换。

定　　价：59.80元　　　　　　　　　　　　　　　　版权所有　违者必究

前言

《个人整体形象塑造》一书是我多年教学实践经验的积累和总结。在选修课和对外公开讲座中,很多学生和学员对于自己的穿衣打扮总是不满意,又苦于不知道如何进行搭配。有的人对自身的情况不太了解,只会追随潮流,流行什么穿什么,但是效果往往令人不满意;有的人为了显瘦只穿深色衣服,无法很好地展现自己健康的线条;有的人为了遮掩肚子,只穿宽大、肥大的衣服,反而显得肚子更大等。这些苦恼也是很多人都有的,基于此种情况我编写了本书。

希望读者通过本书的学习能够学会分析自己的体型特点,并找出适合自己的形象塑造风格并尝试进行改变;通过发型的改变、服装的改变、饰品的改变等摸索出一套适合自己的形象塑造攻略;通过礼仪规范、语言表达、整体造型等提升自己的形象品位。

虽然在编书过程中遇到了很多的困难,但是我非常感谢身边支持我的家人、朋友、同事们,他们给我提供了很多的原始资料和写作思路。特别要感谢我的插画小组——大连艺术学院服装学院的饶翼帆、刘煜、王思琦、倪红微、徐子涵5位同学,他们承担了大部分的图片绘制工作,让本书能较快地与读者见面,在这里表示衷心的感谢。

编著者
2020年1月

目录

第一章　绪论　001

第一节　个人整体形象塑造的相关概念　003
一、形象的概念　003
二、塑造的概念　003
三、个人形象塑造　003

第二节　个人整体形象塑造的作用与意义　004
一、个人整体形象塑造的作用　004
二、个人整体形象塑造的意义　004

第三节　女性整体形象塑造的构成要素　005
一、化妆　005
二、发型　006
三、体型　006
四、服装　006
五、饰品　007
六、个性与修养　007
七、心理　007

第二章　个人整体形象塑造中的"型"　008

第一节　"型"的构成要素　009
一、轮廓　009
二、量感　010
三、形态　010

第二节　"型"在人体中的表现　011
一、面部的"型"　011
二、妆面的"型"　012
三、发型的"型"　013
四、饰品的"型"　014

五、体型的"型" 015

第三节　"型"在服装中的表现 017
　　一、服装面料的"型" 017
　　二、服装图案的"型" 018
　　三、服装款式的"型" 019

第四节　"型"的特征联想和心理感受 026

第三章　个人整体形象塑造中的"色" 027

第一节　"色"的基础知识 028
　　一、色彩的概念 028
　　二、色彩的基本因素 030
　　三、色彩的三要素 030
　　四、色彩的调和 032
　　五、色彩的对比 034

第二节　亚洲人"人体色"的特征 034
　　一、皮肤的颜色 035
　　二、眼睛的颜色 035
　　三、头发的颜色 036
　　四、嘴唇的颜色 036

第三节　亚洲人"人体色"的色彩类型划分与具体分析 037
　　一、冷浅型色彩 037
　　二、冷深型色彩 038
　　三、冷暖全色型色彩 041
　　四、暖浅型色彩 042
　　五、暖艳型色彩 044
　　六、暖深型色彩 046

第四节　个人形象塑造的色彩搭配方案 049
　　一、相邻色搭配 049
　　二、同色搭配 050
　　三、补色搭配 051
　　四、无彩色搭配 052
　　五、中性色搭配 053

第五节　找到属于自己的颜色 055

一、适合的颜色和喜欢的颜色　　055
　　二、改变主观颜色的方法　　055
　　三、搭配案例　　056

第四章　个人整体形象塑造中的"款"　　057

第一节　经典型款式的服装风格　　058
　　一、风格特征　　058
　　二、形象特点　　059
　　三、图片展示　　059

第二节　前卫型款式的服装风格　　060
　　一、风格特征　　060
　　二、形象特点　　061
　　三、图片展示　　061

第三节　浪漫型款式的服装风格　　062
　　一、风格特征　　062
　　二、形象特点　　063
　　三、图片展示　　063

第四节　阳刚型款式的服装风格　　064
　　一、风格特征　　064
　　二、形象特点　　065
　　三、图片展示　　065

第五节　优雅型款式的服装风格　　066
　　一、风格特征　　066
　　二、形象特点　　067
　　三、图片展示　　067

第六节　活跃型款式的服装风格　　068
　　一、风格特征　　068
　　二、形象特点　　069
　　三、图片展示　　069

第七节　民族型款式的服装风格　　070
　　一、风格特征　　070
　　二、形象特点　　071
　　三、图片展示　　071

第八节　个性型款式的服装风格　　　　　　　　072
　　一、风格特征　　　　　　　　　　　　　　072
　　二、形象特点　　　　　　　　　　　　　　073
　　三、图片展示　　　　　　　　　　　　　　073

第五章　身体局部修饰的建议　　　　　　　074

第一节　体型的分类　　　　　　　　　　　　075
　　一、英文字母命名法　　　　　　　　　　　075
　　二、几何形象命名法　　　　　　　　　　　076
　　三、象形物化命名法　　　　　　　　　　　077
第二节　颈部的修饰　　　　　　　　　　　　079
　　一、脖子不够长如何修饰　　　　　　　　　079
　　二、脖子太长如何修饰　　　　　　　　　　082
第三节　肩部的修饰　　　　　　　　　　　　084
　　一、溜肩、窄肩的修饰　　　　　　　　　　085
　　二、端肩、宽肩的修饰　　　　　　　　　　086
第四节　胸部的修饰　　　　　　　　　　　　087
　　一、平胸如何修饰　　　　　　　　　　　　087
　　二、大胸如何修饰　　　　　　　　　　　　090
第五节　手臂的修饰　　　　　　　　　　　　091
　　一、粗臂如何修饰　　　　　　　　　　　　092
　　二、细臂如何修饰　　　　　　　　　　　　094
第六节　腿部的修饰　　　　　　　　　　　　097
　　一、粗腿如何修饰　　　　　　　　　　　　098
　　二、细腿如何修饰　　　　　　　　　　　　101

第六章　修饰身材比例的形象塑造　　　　　105

第一节　腰部线条的修饰　　　　　　　　　　106
　　一、粗腰变细如何修饰　　　　　　　　　　107
　　二、提高腰线如何修饰　　　　　　　　　　110
第二节　腹部线条的修饰　　　　　　　　　　112
　　一、小肚腩的形成　　　　　　　　　　　　112

二、小肚腩如何修饰　　113
　第三节　臀部线条的修饰　　118
　　一、宽臀变窄　　118
　　二、提升低臀　　121
　　三、打造翘臀　　124
　第四节　服装的线条和图案的修饰　　126
　　一、视觉效果在服装中的应用　　126
　　二、横线条在服装中的应用　　128
　　三、竖线条在服装中的应用　　129
　　四、斜线条在服装中的应用　　130
　　五、颜色在服装中的应用　　131
　　六、面料在服装中的应用　　132
　　七、图案在服装中的应用　　133

第七章　个人形象塑造中的礼仪规范　　134

　第一节　礼仪概述　　135
　　一、礼仪的基本内容　　135
　　二、礼仪的重要性　　137
　　三、提高礼仪修养的途径　　138
　第二节　礼仪规范　　138
　　一、服饰礼仪　　138
　　二、仪容礼仪　　140
　　三、仪态礼仪　　141
　　四、言谈举止礼仪　　143
　　五、求职礼仪　　145

第八章　个人形象塑造中的语言表达艺术　　147

　第一节　演讲的语言表达艺术　　148
　　一、演讲的概述　　148
　　二、演讲前的准备工作　　149
　　三、演讲语言的表达技巧　　150
　第二节　面试的语言艺术表达　　151

一、概述　　151
　　二、面试前的准备工作　　152
　　三、面试语言的表达技巧　　152
第三节　社交语言的表达技巧　　153
　　一、概述　　153
　　二、社交语言的基本原则　　153
　　三、社交语言的表达艺术　　154

第九章　女性个人形象塑造的服装选择　　155

第一节　经典必备单品　　156
　　一、铅笔裙　　156
　　二、直筒裤　　156
　　三、针织衫　　157
　　四、风衣外套　　157
　　五、饰品　　158
第二节　性感必备单品　　158
　　一、小黑裙　　158
　　二、喇叭裤　　159
　　三、比基尼　　159
　　四、公主线裙　　160
第三节　职场必备单品　　160
　　一、西装　　160
　　二、衬衫　　160
　　三、马甲　　160
第四节　具体穿着方案　　162
　　一、经典穿着方案　　162
　　二、性感穿着方案　　163
　　三、职场穿着方案　　164

参考文献　　166

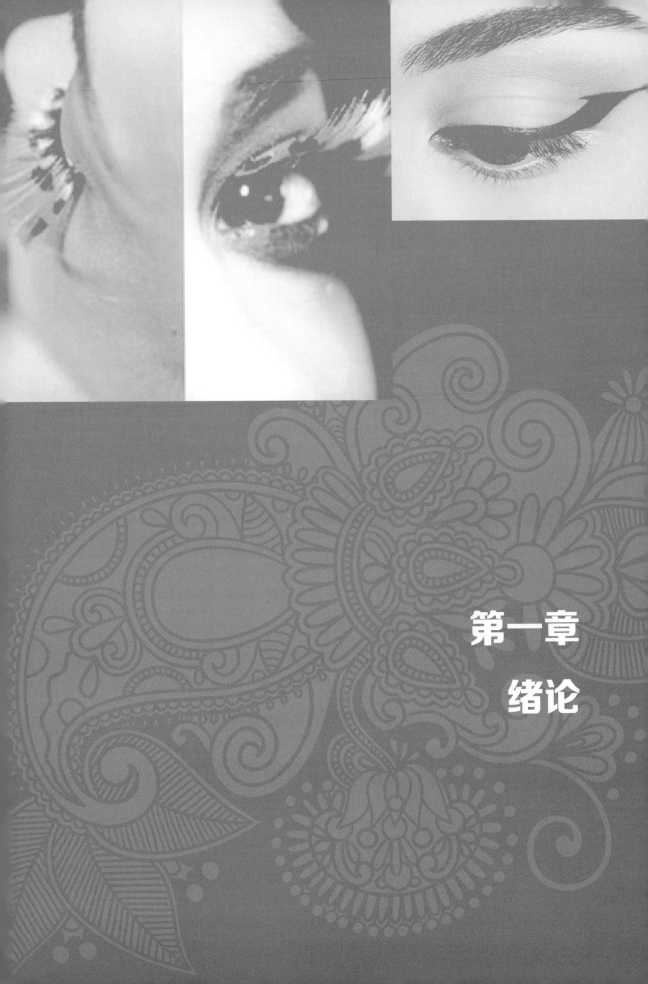

第一章
绪论

图1-1　不同的形象塑造

图1-2　整体形象塑造

图1-3　舞台造型

形象塑造就如同对产品进行整体包装设计和修饰，作为现代社会交往中的一项重要技巧，得到大家越来越多的认可。个人形象塑造的好与坏不仅代表人的阶层和修养，有时甚至会影响个人前途以及业务成败。所谓个人整体形象的魅力，就是你塑造出来的造型给人一种清晰、深刻的印象，你的穿衣打扮风格让人感觉很适合你、很符合你的气质。很多人平时生活中是休闲的造型，到了工作职场上，因为工作环境的因素需要塑造出不同的个人整体形象（图1-1）。形象塑造不仅需要服装上的变化，更需要化妆、发型、配饰、表情、声音、礼仪上的配合，来共同完成整体形象的塑造。

莎士比亚有一句名言："如果我们沉默不语，我们的衣裳与体态也会泄露我们过去的经历。"形象是一种视觉与心灵的感受，像名片一样，在无言中向他人展示着自身魅力。塑造是通过人的外观与造型，综合轮廓、造型、质地、色彩以及风格等因素表现出来的效果（图1-2）。每个人都有属于自己的形象风格和塑造方式，也许整体形象塑造非常符合你的风格和年龄，就属于完美的形象塑造；很多人跟随潮流和明星推荐的造型作为塑造自己风格的元素，很可能会不尽如人意，反而成了反面教材，是不成功的形象塑造。

"形象塑造"最早起源于美国，政界和商界人士出席各种重要场合的时候都会有计划地塑造良好的个人公众形象。例如，总统大选的候选人、颁奖典礼的明星、慈善晚会的成功人士等等。个人形象塑造最成功的典范是法国设计师纪梵希为好莱坞影星奥黛丽·赫本做的形象设计。模特在舞台表演中会运用比较夸张的造型来进行形象塑造（图1-3）。例如每年举办的"维多利亚的秘密"中利用化妆设计、发型设计、造型设计、舞台设计等完美演绎女性独立、优雅、性感、健康的形象。

第一节　个人整体形象塑造的相关概念

一、形象的概念

形象即社会公众对个体的整体印象和评价，是人的内在素质和外形表现的综合反映和写照。形象广义指人和物，包括社会的、自然的环境和景物；狭义专指具体人的形体、相貌、气质、行为以及思想品德所构成的综合整体形象。例如，我们对一些职业会有一些固有的形象（图1-4）：工人的形象是拿着工具穿着工作服；医生的形象是拿着听诊器穿着白大褂；农民的形象是拿着锄头戴着草帽干农活；教师的形象是拿着书本穿着职业套装；白领的形象是拿着文件打着领带等。

图1-4　社会形象

二、塑造的概念

塑造基本解释为：（1）用语言文字等艺术手段描写人物形象。（2）用辅助材料做出指定的人或物的造型。在这里我们主要介绍第二种塑造人物形象的内容。可以利用妆面的变化、服装的变化、饰品的变化等来进行人物形象塑造。

三、个人形象塑造

个人形象塑造是针对人的外形特征进行视觉传达的表现方式，隶属于艺术与设计的交叉学科。是用视觉感官塑造人的外观，通过视觉冲击形成人的风格，从而满足心理美感和综合判断的视觉传达设计。视觉冲击力是随着造型的不断变化而产生的，标新立异也是个人形象塑造的重点之一。

个人形象塑造（图1-5）是将美学原

图1-5　个性化的形象塑造

理、美容美发、化妆造型、美体美甲、服饰装扮、仪态礼仪、语言表达等综合于一体，运用艺术造型的方式，设计出符合个人年龄、职业特点、身份特征、修为修养的个体形象，是对一个人由内到外、从头到脚的全方位塑造，以达到人物内在素质与外在形象的完美结合。

第二节　个人整体形象塑造的作用与意义

一、个人整体形象塑造的作用

美国心理学家和行为学家发现个人形象塑造的作用源于人与人初次见面在心理学层面会产生"七秒钟理论"，在短短的七秒钟时间里你会对这个陌生人产生自己的想法和印象。让我们来看看整体形象是如何构成的。个人体貌、个人穿着、表情语言占55%；肢体语言、自我表现占38%；谈话的内容占7%。由此看出个人形象塑造的作用是多么的重要。就第一印象而言，每个人都只有一次机会，有的人能够依靠第一印象向他人暗示：请相信我，我是有修养、有能力的人，从而为自己赢得更多的好感和机遇。

可见，人如果没有得体、优雅、文明的习惯和外在形象，很难塑造出一个良好的个人形象。随着社会生活水平的提高，大家对审美和形象的要求也越来越高，形象力的提升已经与智力、体力的提升一样重要了。塑造良好的个人形象，首先要了解自己、欣赏自己，充满自信心，用自己喜欢的方式塑造自己的形象。不断地挖掘自己的优势和魅力，通过不同形式的塑造方式进行扬长避短的视觉改变，逐步塑造自我的好形象，充分运用形象的优势，开拓和创造自己辉煌的事业和美好的人生。

二、个人整体形象塑造的意义

1. 以"貌"取人

以"貌"取人的本义是指根据外貌来判别人的品质和才能，出自西汉司马迁的《史记》。虽然这种说法过于片面，但是，在现代社会的业务交往和重要场合的短暂接触过程中，第一印象是十分重要的。外貌是一种视觉传达的初步感觉，包括性别、年龄、高矮甚至职业和性格；也包括衣着、表情、谈吐、举止等。调查机构调查了很多大公司的人力资源总监发现：在聘用人才过程中，外貌和第一印象对是否录取有很重要的影响。因此需要每个人了解自己、找到适合自己的服装、配饰等，来将自己的优点和优势不经意间展示出来。

2. 信息传递

高矮胖瘦、面部表情、走路姿势；兴趣、态度、思维方式、行为习惯都能通过个人形象完整地表达出来。一个成功的个人形象塑造，肯定会让人印象深刻。

人物形象塑造离不了服饰设计的帮忙。而衣着品位能够体现很多有关个人的若干信息：年龄、社会地位、经济实力乃至人生观和价值观。比如，中国的很多男明星在公众场合出现的时候都是以中山装和唐装示人，展现中国人的精神面貌和中国传统服装的美感。

3. 增强自信

图1-6 恰当的形象塑造

初次见面，一个人的自信心常常取决于恰当的形象塑造（图1-6）。如果一个人对自己充满自信，特别是对自己的外貌及举止充满自信，是有助于提升生活质量和促进事业发展的。反之，我们看到很多不注重个人形象塑造的人，对外貌的修饰欠缺，自信心也相对缺乏。现在很多公司要求公司的白领，尤其是对外接触比较多的工作人员上班穿职业装、化淡妆、穿高跟鞋等，都是为了增强自信、树立恰当的个人形象，以达到代表公司形象的目的和作用。很多工作场合大家对服务人员、工作人员都有自己的评判和要求，如果觉得符合自己心目中的形象，后面的合作会比较顺畅；如果不符合自己心目中的形象，则接下来的合作会比较困难。

4. 标新立异

娱乐圈一些明星的穿着打扮、举手投足十分标新立异。显然他们的个人形象塑造是经过精心设计的。比如 Lady Gaga，虽然有人质疑她的唱功，也有人质疑她的舞蹈，但是其个人形象塑造是成功的。从怪诞的造型到惊世骇俗的表演，她用极具个性化的个人形象塑造打开了演艺事业的突破口，完成了别的歌手需要用10年才能完成的路程，与当年的麦当娜一样，都是通过彰显个性来获得成功的。

第三节　女性整体形象塑造的构成要素

个人形象塑造的要素有化妆、发型、体型、服装、饰品、个性与修养、心理等几个方面。

一、化妆

"浓妆淡抹总相宜"让我们知道从古到今人们都会根据场合和环境调整化妆的浓淡，并与服饰、发式等因素协调统一。化妆在个人形象塑造中起到画龙点睛的作用。如果是工作环境，浓妆艳抹会让客户和同事觉得很夸张；如果是舞台环境，有灯光的照射，不化妆或者化淡妆，灯光一打就会显得脸色煞白，这时就需要化较浓的舞台妆。

二、发型

随着年龄、职业、环境的变化，发型为衬托人的性格特征和精神面貌起到了关键性作用。头发的颜色、长短、曲直（图1-7）等可以用来修饰脸型、彰显气质。找到适合自己的发型，会让人看着更加精神焕发。如果希望自己显得年轻一些，发型可以考虑直发或者刘海；如果希望自己显得成熟一些，发型可以考虑卷发，头发的颜色尽量选择正常发色，不要标新立异选择过浅的颜色。

图1-7　发型选择

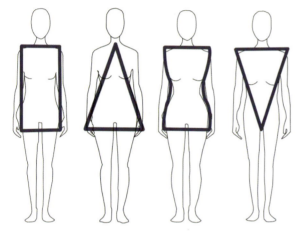

图1-8　体型的不同

三、体型

体型是诸多形象要素中最关键的要素之一（图1-8）。良好的体型在选择衣服和饰品的时候，具有更广泛的选择范围。亚洲女性多为梨形身材；下半身较胖，腰部曲线不明显，腰节较长。充分了解自己的体型分类是至关重要的，可以通过合理的分割线和服装造型来弥补体型不完美带来的遗憾。

四、服装

服装造型（图1-9）在个人形象塑造的过程中，视觉传达比例最大。如今的服装已经不仅仅具有整洁和保暖的功能，扬长避短是服装要素在个人形象塑造中的重要作用。服装颜色、款式和面料的选择也是至关重要的：不同的颜色需要和谐组合，如同色系搭配、对比色搭配、不同纯度的对比搭配等；不同的款式需

图1-9　服装造型

要协调统一,如裙子与高领衫搭配、毛衣和裙子搭配、外套和围巾搭配等;不同的面料需要和谐统一,牛仔和毛线的搭配、蕾丝和丝绸的搭配、毛呢和涤纶的搭配等。

五、饰品

饰品的佩戴需要根据服装的风格、出席的场合等因素合理恰当地选择。而饰品的颜色、款式、风格能在整体的个人形象塑造中起到画龙点睛的作用(图1-10)。饰品有很多种类:眼镜、手包、手镯、耳环、胸针、丝巾、双肩包、项链等。在现实生活中,不同风格的服装需要搭配不同的饰品:穿着职业装时,可以搭配真丝丝巾和胸针;穿着休闲装时,可以搭配棉质围巾和双肩包、运动鞋等;穿着礼服时,为了彰显气场可以搭配闪亮的项链、手镯和手包、高跟鞋。

图1-10 手包与手镯的搭配

六、个性与修养

面部表情、站立姿势、走路速度、说话声音、穿着和饰品的佩戴等都是个性特点的流露。在社交活动中,一个人的谈吐、举止、礼仪、礼节等方面的文化修为是非常重要的(图1-11)。

图1-11 交谈场景

七、心理

好的心理状态取决于后天的培养和完善。虽然我们有着先天的遗传,但是高尚的品格、健康的心理、充分的自信都是在成长过程中逐渐养成的,每个人的内在修为和外表形象一样需要进行不断的塑造(图1-12)。

图1-12 健康的心态

第二章
个人整体形象塑造中的"型"

在个人形象塑造之前，我们必须了解什么是"型"；"型"的构成要素和特征是什么。了解之后，我们才能通过"型"的概念去进行一系列的个人形象塑造。

第一节 "型"的构成要素

所谓的"型"指的是用肉眼能够看见的物体，比如"那个桌子不是方的，是圆的"（图2-1）、"我穿的衬衫是竖条的，不是格子的"（图2-2）等，这些都是关于"型"的问题。要想弄清人体"型"的特征，首先要从学习"型"的构成要素开始。

"型"的构成要素有轮廓、量感、形态。

一、轮廓

轮廓是指物体的外围或图形的边缘。轮廓分为三种：直线型轮廓、曲线型轮廓和中间型轮廓（图2-3）。完全由直线构成外轮廓的物体属于直线型，完全由曲线构成外轮廓的物体属于曲线型。但自然界里物体的"型"大多不是绝对的"直"和绝对的"曲"的，所以这里讲到的"直"与"曲"的概念是相对的。我们把整体上趋向于直线感的称为直线型，整体上趋向于曲线感的称为曲线型，而难以划分是直线型或曲线型的称为中间型。

在实际应用当中，判断某一物体的"直"或"曲"，主要是根据该物体带给我们的视觉感受。一般来讲，直线型带来的感受比较直接、硬朗、端正；而曲线型带来的感受则比较圆润、柔和、优雅。生活中男性与女性也可以用直线型和曲线型来区分：男性属于直线型，所以身体线条和服装线条多以直线为美；女性属于曲线型，所以身体线条和服装线条多以曲线为美。

图2-1 桌子的"型"

图2-2 衬衫的"型"

(a) 直线型　　　　(b) 中间型　　　　(c) 曲线型

图 2-3　杯子的轮廓

二、量感

　　量感是指物体的大小、轻重、粗细、宽窄、薄厚等指标的综合值，它受物体的颜色、材质、体积等因素的综合影响。量感是一种相对的尺度概念，而不是绝对的。量感分为小量感、大量感和中量感三类（图2-4），中量感介于大量感和小量感之间。

(a) 大量感　　　　(b) 中量感　　　　(c) 小量感

图 2-4　手镯的量感

三、形态

　　形态是指物体在一定条件下的表现形式，即物体的形状或特征。形态分为静态、中态、动态三种，静态带来平和、安静的表现特征，动态则带来新颖、有变化的表现特征（图2-5）。

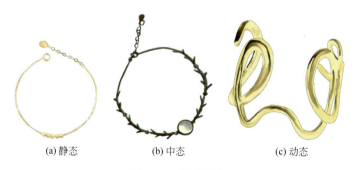

(a) 静态　　　　(b) 中态　　　　(c) 动态

图 2-5　手镯的形态

第二节 "型"在人体中的表现

我们了解了"型"的构成要素之后,还要了解构成个人形象的自身特征要素。所谓自身"型"的特征要素就是面部、身材等自然条件,所有的自身特征要素都是为个人形象塑造服务的,只有了解了这些才能与其他的塑造因素相结合,塑造出更适合自己的个人形象。

一、面部的"型"

1. 面部的轮廓

面部的轮廓是指脸的骨骼形状和五官线条的倾向性(图2-6～图2-8)。直线型是指面部骨骼和五官线条呈现直线感,给人硬朗、中性的印象;曲线型是指面部骨骼和五官线条呈现曲线感,给人温柔、女人味的印象。

图2-6　曲线型轮廓

图2-7　中间型轮廓

图2-8　直线型轮廓

2. 面部的量感

面部的量感是指脸的骨架大小及五官在脸上所占比例的大小(图2-9～图2-11)。量感大的面部骨架大,脸庞骨感,五官夸张而立体;量感小的面部骨架小,五官紧凑而小巧。

图2-9　大量感

图2-10　中量感

图2-11　小量感

3. 面部的形态

面部的形态是指脸的骨骼感及五官在脸上所呈现的线条比例（图2-12、图2-13）。

图2-12　静态面部　　　　　　　图2-13　动态面部

二、妆面的"型"

1. 妆面的轮廓

直线型人较适合硬朗、利落，呈直线感的妆面；曲线型人较适合柔和、女人味，呈曲线感的妆面（图2-14、图2-15）。

图2-14　直线型妆面　　　　　　图2-15　曲线型妆面

2. 妆面的量感

浓郁、成熟的妆面适合量感大的人；轻盈、淡雅或可爱的妆面适合量感小的人（图2-16、图2-17）。

图2-16　大量感妆面　　　　　　图2-17　小量感妆面

3. 妆面的形态

艳丽、对比分明的妆面适合动态的人；轻柔、文静的妆面适合静态的人（图2-18、图2-19）。

图2-18　动态妆面　　　　　图2-19　静态妆面

三、发型的"型"

1. 发型的轮廓

利落干练、中性化倾向强的发型较适合直线型人；优雅柔美、女性化倾向强的发型较适合曲线型人（图2-20、图2-21）。

图2-20　直线型轮廓发型　　　　　图2-21　曲线型轮廓发型

2. 发型的量感

夸张、成熟化的发型较适合量感大的人；可爱、年轻化的发型比较适合量感小的人（图2-22、图2-23）。

3. 发型的形态

层次分明、造型新颖的发型偏动态；廓型柔和、简单舒适的发型偏静态（图2-24、图2-25）。

图2-22 大量感发型

图2-23 小量感发型

图2-24 动态发型

图2-25 静态发型

四、饰品的"型"

1. 饰品的轮廓

配饰的轮廓分为直线型、曲线型和中间型。图2-26中配饰的直、曲是按饰物外轮廓线的直与曲来区分的。

(a) 直线型饰品　　(b) 中间型饰品　　(c) 曲线型饰品

图2-26 饰品的轮廓

2. 饰品的量感

量感大的配饰呈现夸张、醒目的状态；量感小的配饰呈现小巧、玲珑的状态（图2-27）。

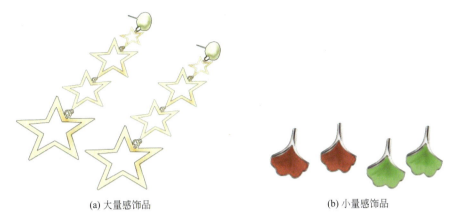

(a) 大量感饰品　　　　　　　　(b) 小量感饰品

图2-27　饰品的量感

3. 饰品的形态

动态的配饰装饰感强、引人注目；静态的配饰装饰少且整体造型较传统（图2-28）。

(a) 动态饰品　　　　　　　　(b) 静态饰品

图2-28　饰品的形态

五、体型的"型"

1. 身体的轮廓

身体的轮廓是指肩部与身体骨架线条的倾向性。直线型的身材，肩的走势平直，骨架线条偏直，身材整体呈现"H"形；曲线型的身材，肩部呈圆润或下滑的弧线，骨架线条偏曲，身材整体呈现"S"形（图2-29）。

(a) 直线型　　　　(b) 中间型　　　　(c) 曲线型

图2-29　身体的轮廓

2. 身体的量感

身体的量感是根据身体骨架发育成熟后形态的大小、轻重、薄厚来判断的（图2-30）。

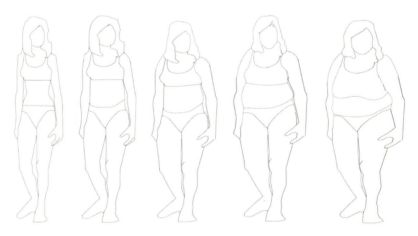

图2-30　身体从小量感到大量感的变化示意图

3. 身体的形态

当身体的轮廓和量感进行交叉组合后，呈现出来的规律特征，在视觉感受上可以判断一个人身体的形态特征。

第三节 "型"在服装中的表现

服装中的"型"是指服装、配饰等直接特征要素以及款式面料、图案等间接的特征要素。

一、服装面料的"型"

服装面料是服装的三要素之一,是服装色彩、服装图案的载体,在服装的整体氛围表达中起着重要的作用。

1.服装面料的轮廓（图2-31）

(a) 直线型面料

(b) 曲线型面料

图2-31 面料的轮廓

2.服装面料的量感（图2-32）

(a) 大量感面料

(b) 小量感面料

图2-32 面料的量感

3. 服装面料的形态（图2-33）

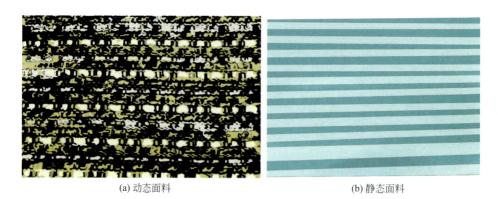

(a) 动态面料　　　　　　　　　　　(b) 静态面料

图2-33　面料的形态

二、服装图案的"型"

服装图案也是服装的重要组成部分，是附载于服装面料上的。在衡量服装的轮廓、量感和形态时，服装面料和服装图案经常要联系在一起进行综合考虑。

1. 服装图案的轮廓（图2-34）

(a) 直线型图案　　　　　　　　　　(b) 曲线型图案

图2-34　图案的轮廓

2. 服装图案的量感（图2-35）

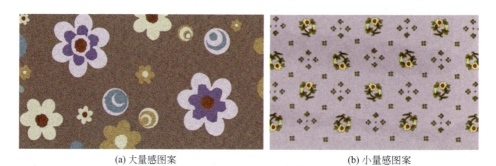

(a) 大量感图案　　　　　　　　　　(b) 小量感图案

图2-35　图案的量感

3. 服装图案的形态（图2-36）

(a) 动态图案　　　　　　　　　　　　　(b) 静态图案

图2-36　图案的形态

三、服装款式的"型"

（一）领子

1. 领子的轮廓

领型轮廓是以领面外轮廓线的直曲和领口线的直曲进行区分的（图2-37）。

(a) 直线型领子　　　　　　　　　　　　(b) 曲线型领子

图2-37　领子的轮廓

2. 领子的量感

领子的量感分为大型、中型、小型。量感大的领子，领口开得较深，领面宽大、夸张；量感小的领子，领口开得较浅，领面较窄（图2-38）。

(a) 大量感领子　　　　　　　(b) 中量感领子　　　　　　　(c) 小量感领子

图2-38　领子的量感

3. 领子的形态

领子的形态分为静态、中间态和动态。静态的领子结构简单、传统；动态的领子结构新颖、大胆（图2-39）。

(a) 动态领子　　　　　　　(b) 中间态领子　　　　　　　(c) 静态领子

图2-39　领子的形态

（二）袖子

1. 袖子的轮廓

袖子轮廓的直曲是以肩与袖形成的角度及袖子边缘的弧度为参考，肩与袖连接近90°角，袖子边缘较垂直流畅，为直线肩型。肩与袖连接自然圆润，袖子边缘弧度较明显，则为曲线型（图2-40）。

(a) 直线型袖子　　　　　　　(b) 曲线型袖子

图 2-40　袖子的轮廓

2. 袖子的量感

袖型宽大、有厚重感的袖子量感大；袖型窄小、有收紧感的袖子量感小（图 2-41）。

(a) 大量感袖子　　　　　　　(b) 小量感袖子

图 2-41　袖子的量感

3. 袖子的形态

袖型简单、传统的为静态；袖型有明显设计感的为动态（图 2-42）。

(a) 动态袖子　　　　　　　　　　　(b) 静态袖子

图2-42　袖子的形态

（三）衣片

1. 衣片的轮廓

衣片上的外轮廓、分割线以及装饰物轮廓的整体印象是区分直线型和曲线型的依据（图2-43）。

(a) 直线型衣片　　　　　　　　　　(b) 曲线型衣片

图2-43　衣片的轮廓

2. 衣片的量感

量感大的衣片夸张而有厚重感；量感小的衣片短小而贴身（图2-44）。

(a) 小量感衣片　　(b) 大量感衣片

图2-44　衣片的量感

3. 衣片的形态

衣片上的装饰物醒目，偏动态；衣片上的装饰物贴合服装，装饰效果不鲜明，偏静态（图2-45）。

(a) 静态衣片　　(b) 动态衣片

图2-45　衣片的形态

（四）裙子

1. 裙子的轮廓

裙子轮廓的直与曲可参考裙片、裙摆的外轮廓（图2-46）。

(a) 直线型裙子　　(b) 曲线型裙子

图2-46　裙子的轮廓

(a) 大量感的裙子　　(b) 小量感的裙子

图2-47　裙子的量感

2. 裙子的量感

量感大的裙子给人大气而夸张的感觉；量感小的裙子给人轻盈、年轻的感觉（图2-47）。

(a) 动态的裙子　　(b) 静态的裙子

图2-48　裙子的形态

3. 裙子的形态

裙子形态的动与静可参考裙子上的装饰物及整体的效果（图2-48）。

（五）裤子

1. 裤子的轮廓

人的四肢形状类似于圆柱状，所以裤型一般以圆柱为基础，在外形上做直与曲的变化（图2-49）。

(a) 直线型裤子　　(b) 曲线型裤子

图2-49　裤子的轮廓

2. 裤子的量感

裤子和袖子在量感区分上有相同之处，量感大的裤子会非常宽大，有厚重感；量感小的裤子会较窄小，有收紧感（图2-50）。

(a) 小量感裤子　　(b) 大量感裤子

图2-50　裤子的量感

3. 裤子的形态

裤子的动态与静态主要参考裤子上的装饰物，装饰越多、越夸张，越偏动态；装饰越少、越简洁，则显得平和，越偏静态（图2-51）。

(a) 静态的裤子　　(b) 动态的裤子

图2-51　裤子的形态

第四节 "型"的特征联想和心理感受

不同的"型"会带来不同的特征联想和心理感受。当人体"型"特征与相吻合的服饰氛围搭配协调时，我们会感觉到和谐、美、舒服等（图2-52、图2-53）。

图2-52　充满活力

图2-53　优雅端庄

第三章
个人整体形象塑造中的"色"

近看型，远看色。我们的眼睛每天都能够感受到身边许多的色彩，绿色的草地、白色的云朵、麦当劳黄色的"M"字母和红色标识、红底白字的可口可乐、黑白相衬的耐克等都让我们印象深刻。塞尚曾经说过：一幅画首先应该表现颜色。由此可见，色彩的表达非常的重要，它在我们的生活和个人形象塑造中无处不在（图3-1）。

图3-1 色彩的表达

第一节 "色"的基础知识

一、色彩的概念

色彩是光产生物理作用后，从物体反射到人的眼睛所引起的一种视觉心理感受。所谓的色彩可以理解为："色"是指人对进入眼睛的光传至大脑时所产生的感觉；"彩"是指多色的意思，是人对光变化的理解（图3-2）。

1. 三原色

绘画色彩中最基本的颜色为三种，即红、黄、蓝，被称为三原色（图3-3）。三原色颜色纯正、鲜明、强烈，这三种原色本身不是调出来的，但是它们的组合却可以调配出多种颜色。

2. 间色

是由两个原色相混合得出的颜色，如黄加蓝得绿，蓝加红得紫，红加黄得橙（图3-4）。

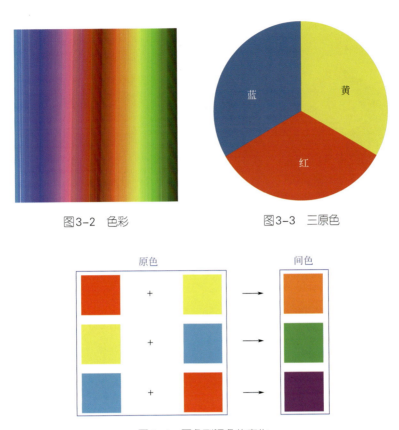

图3-2 色彩　　　图3-3 三原色

图3-4 原色到间色的变化

3. 复色

用任何两个原色或间色相混合而产生出来的颜色叫复色，也称为第三次色（图3-5）。

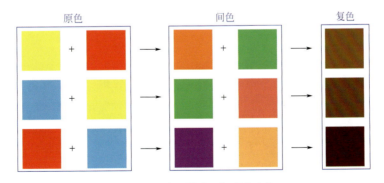

图3-5 原色到间色到复色的变化

4. 对比色

色相环中相隔120°～150°的任何三种颜色。

5. 同类色

同一色相不同倾向的系列颜色称为同类色。

图3-6 色彩环

6. 互补色

色相环中相隔180°的颜色称为互补色。

色彩环如图3-6所示。

二、色彩的基本因素

1. 光源色

由各种光源发出的光（自然光、人造光）照到物体表面形成的色彩。其光波的长短、强弱、比例等性质不同，形成不同的色光，叫作光源色。一般呈现在物体表面（图3-7）。

2. 固有色

自然光线下的物体所呈现的本身色彩称为固有色。但在一定的光照和周围环境的影响下，固有色会产生变化。

3. 环境色

物体周围环境的颜色通过光的反射作用，引起物体色彩变化称之为环境色。特别是物体暗部的反光部分变化非常明显（图3-8）。

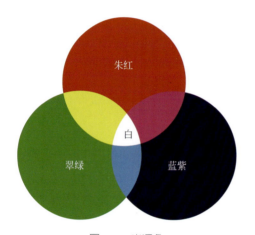

图3-7 光源色

三、色彩的三要素

1. 色相

色相是色彩所呈现出来的质地面貌，是色彩的首要特征，也是区别各种不同色彩的标准。光谱上的红、橙、黄、绿、青、蓝、紫就是七种不同的基本色相（图3-9）。

色彩的色相也决定了色彩的温度：有些色调给你温暖的感觉，常见的暖色是红色、橙色、黄色，联想到太阳和火焰；有些色调让你产生寒冷的感觉，常见的冷色是蓝色、紫色、绿色，联想到冰雪和海洋（图3-10）。

图3-8 固有色和环境色的变化

图3-9 色相环

图3-10 色相

2.明度

明度又称为色彩的亮度,是指色彩的明亮程度。它包括两个含义:一是指一种颜色本身的明与暗,二是指不同色相之间存在的明与暗差别。就我们的皮肤而言,肤色就是明度的变化。白色人种是我们人类中肤色明度最高的,黑色人种是肤色明度最低的,我们黄色人种是介于两者之间的中明度肤色(图3-11)。

图3-11 皮肤的明度变化

3. 纯度

色彩的纯度，是色彩的纯净程度，也称为浓度、艳度和饱和度。

色彩的纯度越高颜色呈现出来越鲜艳，色彩的纯度越低颜色呈现出来越黯淡。引人注目的颜色都是高纯度颜色；低调含蓄的颜色都是低纯度颜色（图3-12）。

图3-12　色彩的纯度表现

四、色彩的调和

1. 光源色调和

各种光源发出的光（室内光、室外光、人造光），根据光波的长短、强弱、比例性质不同形成了不同的色光，称之为光源色。在光源色的影响下，光源色构成的色彩调和称之为光源色调和（图3-13）。

图3-13 光源色调和

2.中性色调和

黑、白、灰、金、银五个颜色称之为中性色。无论它们与任何色彩搭配,都能独立承担起各个颜色之间的缓冲与补色平衡的角色。在任何不协调的色彩之间,只要加上一条黑或银等中性色线条,立刻就能使整体色彩呈现出协调统一(图3-14)。

图3-14 中性色调和

五、色彩的对比

冷暖色相环如图3-15所示。

1. 色相对比

色相对比是指因色相之间的差别形成的对比。当主色相确定后，必须考虑其他色彩与主色相是什么关系，要表现什么内容及效果等，这样才能增强其表现力。

2. 明度对比

明度对比是指因为明度之间的差别形成的对比。柠檬黄明度最高，蓝紫色明度低，红色和绿色属于中明度。

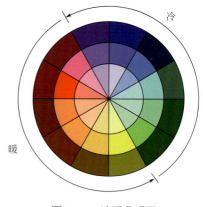

图3-15　冷暖色相环

3. 纯度对比

一种颜色与另一种更鲜艳的颜色相比时，会感觉不太鲜明，但与不鲜明的颜色相比时，则显得鲜明，这种色彩的对比便称为纯度的对比。

4. 冷暖对比

由于色彩的冷暖差别而形成的色彩对比，称为冷暖对比。红、橙、黄使人感觉温暖；蓝、绿、紫使人感觉寒冷，色彩的冷暖对比还受明度与纯度的影响，白光反射率高而感觉冷，黑色吸光率高而感觉暖和。

5. 补色对比

将红与绿、黄与紫、蓝与橙等具有补色关系的色彩彼此并置，使色彩感觉更为鲜明，纯度更高，这种色彩的对比便称为补色对比。

第二节　亚洲人"人体色"的特征

个人整体形象塑造中色彩的选择非常重要。要想清楚地知道什么色彩适合自己，就要先知道自己的颜色。科学的方法证明，"人体色"是受三种色素综合影响呈现出来的——核黄素（胡萝卜素）、血红素、黑色素，导致了世界上人种肤色的不同。我们东方人拥有黄皮肤，但因为各自皮肤中三种色素混合程度差异而呈现出不同的肤色：有的偏黑，有的偏黄，也有的偏白等。所以才会有"白面书生""面若桃花""红脸关公"这样形容面色的俗语。

那核黄素（胡萝卜素）、血红素、黑色素究竟如何影响我们的肤色呢？

血红素——决定皮肤中呈现蓝/紫色的多少。

核黄素（胡萝卜素）——决定皮肤中呈现黄/橙色的多少。

黑色素——决定皮肤中黑色的多少。

人体色主要源于遗传，但随着年龄的增长、生活环境、精神状态和健康状况等多种因素影响，人体色是会发生变化的，人体色并不是一成不变的。

一、皮肤的颜色

中国人有自己独特的皮肤颜色特征，肤色微黄（专业上叫作米色调），可以分为浅米色、米色、浅桃色、棕色、米黄色、橄榄米色、玫瑰米色。

肤色不但有明暗和深浅的区别，还呈现冷暖色调的变化。皮肤呈现冷色调时蓝色和紫色多一些；皮肤呈现暖色调时黄色、橙色、红色多一些。在亚洲人种中：皮肤白皙并呈现两颊红润的称为冷色调皮肤；皮肤发黄，面色整体一致的称为暖色调皮肤（图3-16）。

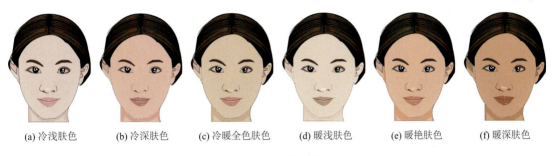

(a) 冷浅肤色　　(b) 冷深肤色　　(c) 冷暖全色肤色　　(d) 暖浅肤色　　(e) 暖艳肤色　　(f) 暖深肤色

图3-16　皮肤的颜色

二、眼睛的颜色

我们每个人眼睛的颜色可以分为眼球色和眼白色（图3-17）。

1. 眼球色

亚洲人种的眼球色几乎都是棕色的，深棕色非常像黑色，真正的褐色眼球在我们身边是极为少见的。亚洲人无论是浅棕色、黄棕色、深棕色还是黑色都是属于中性色，没有金发碧眼的白种人眼球那么强烈、艳丽，所以与服装色彩的关系和谐，容易搭配。因此，亚洲人选择美瞳隐形眼镜的时候，尽量选择褐色或深棕色最为合适。

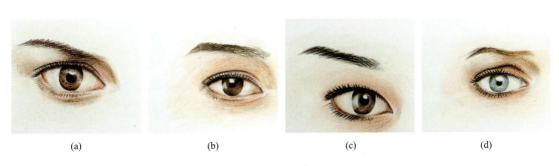

(a)　　　　　　(b)　　　　　　(c)　　　　　　(d)

图3-17　眼睛的颜色

2. 眼白色

眼白色其实和眼球色一样，基本不会影响到我们的衣着用色。年轻的小孩们，眼睛的眼球和眼白色是黑白分明的，而随着年龄的增长就会变得浑浊。

三、头发的颜色

大多数亚洲人头发的颜色呈现浅棕色、深棕色和黑色；大多数欧洲人头发的颜色呈现金色、亚麻色。在我们生活中，肤色呈现暖色的人往往发色乌黑亮泽，肤色呈现冷色的人往往发色浅淡柔和。玛丽莲·梦露的一头金发配合着白皙的皮肤和大红唇真的是非常完美，发色的正确选择让我们看到了和谐的色彩。理发馆中有很多抢眼的发色，但不是所有颜色都适合我们的肤色。前段时间流行的奶奶灰，就不是所有人都适合（图3-18）。

图3-18　头发的颜色

四、嘴唇的颜色

每个人嘴唇呈现出来的颜色是不一样的：有的呈现出偏紫红的颜色，称为冷色；有的呈现出橙红的颜色，称为暖色。大家有各自的颜色喜好，而嘴唇的颜色是能够很快进行修饰和改变的。很多白领女性可能不会经常涂抹粉底霜和描画眼线，但是100%的都会有几只不同颜色的唇膏。嘴唇颜色的改变，能够让面部迅速有色彩，同时具有提亮面部肤色的功效（图3-19）。

图3-19　嘴唇的颜色

第三节　亚洲人"人体色"的色彩类型划分与具体分析

根据上一节对亚洲人皮肤颜色、头发颜色、眼睛颜色、嘴唇颜色的特征分析，我们运用颜色的深浅和冷暖变化将亚洲人的"人体色"色彩类型划分为冷浅型色彩、冷深型色彩、冷暖型色彩、暖浅型色彩、暖艳型色彩、暖深型色彩6个类别。

一、冷浅型色彩

1. 外貌特征

肤色比较白皙，肤质水嫩通透，两颊有淡淡的玫瑰红色。自古苏杭出美女，此种类型南方人居多。有自然乌黑的发色，年龄多集中在35岁以下，中国人约有20%属于此种类型。

2. 服装颜色的选择

在实际穿衣搭配时会发现冷色比暖色让人看起来更白皙。这与偏冷的肤质相吻合，如备受女士青睐的各种紫色和蓝色，其中尤以紫罗兰色和亮湖蓝两个颜色穿着效果最佳，首饰最佳选择是白金和银。穿着这些冷色服装时，要记住加了白的浅淡冷色面料比鲜艳冷色穿着效果更好，最终确定全身服饰搭配均为浅冷色调。

（1）适合的红色：要选择偏紫的冷红色，并且加了白的浅冷红色最佳，适合穿着的颜色有：粉红色、浅梅色、浅玫瑰红色、浅草莓色、紫红色、胭脂红色（图3-20）。

图3-20　适合的红色

（2）适合的紫色和蓝色：你适合穿所有的紫色和蓝色，图3-21中无论是左边的暖蓝色还是右边的冷蓝色都很适合，紫色也一样。加了白色的一些干净清透的水蓝色或者浅藕荷色效果会更好，适合穿着的颜色有紫藤色、浅紫罗兰色、浅紫色、薰衣草紫色、冰蓝色、淡蓝色、瓦青色。

（3）适合的绿色和黄色：穿绿色时，一定要谨慎，因为能穿得好看的并不多。一些偏蓝的冷绿色和加了白的浅

图3-21　适合的紫色和蓝色

蓝绿效果较好（图3-22），例如孔雀绿色、松石绿色、青果绿色、浅青绿色。比起绿色，黄色要穿得好看就更难了。走进黄色家族，色样看起来非常少。黄色素在我们体内存在太多了，所以八成人都不能穿好黄色，特别是素颜的时候，轻易不要碰黄色。中国人中最能挑战黄色的，也只有冷浅型，适合的黄色有淡黄、浅柠檬黄、嫩黄，但是鲜艳的柠檬黄还是要谨慎些，它会让面颊缺少健康的红润感。

（4）适合的无彩色和中性色：适合的无彩色有纯白色和乳白色（又称米白色）（图3-23），纯白比乳白色会更显得冷浅型肤色白皙，除此之外纯黑色、明亮的浅灰色、银灰色和接近于黑色的深灰色也可以尝试。适合的中性色有深蓝色、靛蓝色、藏青色、茄紫色。

图3-22 适合的绿色

3.妆面颜色的选择

如图3-24所示。

（1）粉底色的选择：建议选择粉红色的粉底或蜜粉。如果你肤色苍白，那么粉红色粉底可以让你面色红润健康。粉底颜色还可以选择瓷白色、粉白色、明亮色、嫩粉色。

（2）眼影色的选择：粉红色眼影、粉蓝色眼影、粉紫色眼影、白色眼影、银色眼影都可以选择。

（3）唇彩色的选择：如果你的唇色是冷色，那么透明有质感的唇彩效果更佳，如是暖唇色，建议选购一些淡玫红色的唇膏。

图3-23 适合的无彩色

4.发色的选择

如果你的自然发色又黑又亮，那么建议你保留原发色，如果不是或者想改变发色，建议选择用冷色系并且较深的颜色染发。

二、冷深型色彩

1.外貌特征

冷深型肤色虽然比冷浅型的人深一点，但依然属于会被人说"皮肤挺白"的一类人。肤色最大的特点是红润度比较高，红润的部位不仅在双颊，还包括前额、鼻头、眼角、下巴等许多地方。这类人多属于敏感性肤质，

图3-24 适合的妆面颜色

遇强冷热空气交替刺激时，面部会通红，主要是皮肤较薄。在我国此种类型的人只有5%，没有明显的地域特征，脸颊呈现"高原红"。测试时要注意观察前额、下巴、嘴角的肤色，如果肤色没有明显偏黄的色彩也属于这一类型。

2. 服装颜色的选择

冷深型的人穿冷色服装比穿暖色更让肤色白皙，因为这与红润的冷深型肤色相一致，适合的色彩有非常鲜艳的冷深色和加了黑的冷深色。如果问哪种类型的人最适合穿黑色肯定是这一类的。最适合的颜色不仅有黑色还有美丽的宝石蓝色。其实，宝石蓝色是与大多数黄种人无缘的颜色，尤其是颜色很正的宝石蓝。此类人群比较适合的首饰色为白金和银类饰品。

（1）适合的红色：应选择色彩较冷的偏紫红色，其中有色泽饱满、鲜明的高纯度玫瑰红色、艳玫红和红紫色，还有加了少许黑的酒红色、深酒红色、熟樱桃红色（图3-25）。

（2）适合的紫色和蓝色：你可以穿的紫色和蓝色很多，但是与冷浅型不同的是，加了白的浅紫和浅蓝色都不适合你，会显得肤色黑，但是鲜艳亮丽的艳紫色和加了黑的深紫色和深蓝色都没问题。适合的色彩还有：艳紫罗兰色、深紫罗兰色、宝石蓝、艳蓝色、海军蓝色、景泰蓝色、青花瓷色、青色、群青色（图3-26）。

（3）适合的绿色和黄色：冷深型的人可以穿的绿色不多，大部分的绿色都是加了很多的黄才能调出来，而绿色微微偏蓝色的并不多见，但看起来比较艳丽，例如孔雀绿、松石绿色、艳蓝绿色、深蓝绿色、青绿色（图3-27）。此类人几乎没有能穿的黄色，肤质较好或者精心化妆后可以尝试饱满明艳的黄色。

图3-25 适合的红色　　图3-26 适合的蓝色　　图3-27 适合的绿色

（4）适合的无彩色和中性色：无彩色可以穿纯黑色和纯白色，不适合米白色，深浅适中的中灰色也可以，那些接近于黑色的深灰色、重灰色、炭灰色会更好。适合的中性色有：深蓝色、藏青色、茄紫色、靛蓝色（图3-28）。

图3-28　适合的颜色

3.妆面颜色的选择

如图3-29所示。

（1）粉底色的选择：建议选择绿色粉底或蜜粉。如果你的肤色偏红或者脸上有小雀斑和痘痘留下的小疤痕，那么有了绿色粉底，不但能遮盖面部过多的红色，还可有效减轻痘痕。使用偏冷调的粉底液会更好地提亮肤色。粉底可以选择的颜色有：瓷白色、明亮色、自然色、浅肤色。

图3-29　适合的妆面颜色

（2）眼影色的选择：紫色眼影、湖蓝色眼影、深紫色眼影、黑色眼影。

（3）唇彩色的颜色：如果你的唇色是冷色，那么透明有质感的唇彩效果更好，如果是暖唇色，建议选购一些玫瑰红色的唇膏。

4.发色的选择

如果你的自然发色偏暖，例如棕色、浅棕色、黄棕色、褐色，那么建议你染成深紫、酒红色、蓝黑色的发色比较好；如果你的自然发色是冷色，例如黑色、深蓝色、勃艮第酒红色、黑灰色，就都可以保留原发色。

三、冷暖全色型色彩

1. 外貌特征

冷暖全色型人的肤色很独特，看起来不深不浅，仔细看肤色不是很黄也不是很红润，整体不冷不暖、深浅适中。发色较丰富，有柔黑色、栗色、深棕色、浅棕色。在我国原本属于这个类型的人并不多，但由于美容业的发展，许多人的肤色得以改善，这一类型的人每年递增，目前已经超过人口的10%。所谓冷暖全色，就是说冷色暖色都能穿，是所有类型中适应色彩最多的类型。如果你也想更多的颜色适合你，可以通过化妆和改变发色来实现。

2. 服装颜色的选择

此种类型的人因为冷暖兼备的肤色特征，有极大的用色空间，红橙黄绿青蓝紫中任意一个颜色无论冷暖都可以穿，适合的色彩数量是六个类型中最多的。但艳丽高纯的颜色会抢走面容的光彩，让人只会注意到抢眼的服装，却忽略了你的面孔，因此此类人群最适合的服装颜色是中性色。

（1）适合所有的浅色和深色：冷暖全色类型比较独特，选择色彩的时候也和其他几种类型不同。将冷暖色相环（图3-15）中加入白色，色相环中的12个颜色会全部变浅，这些变浅的颜色全部适合冷暖全色类型的人。例如粉红色、胭脂红色、浅橙色、肉色、银白色、浅紫、薰衣草浅紫色、浅蓝色、浅绿色、淡黄色（图3-30）。

图3-30　适合的浅色

冷暖色相环中加入黑色，色相环中的12个颜色会全变深，这些变深的颜色都适合此类型的人。如暗红色、酒红色、棕色、咖啡色、深橙、熟樱桃红色、深绿色、深紫色、深蓝色、海军蓝。

（2）适合含灰的优雅色彩：在冷暖色相环中添加灰色时，色彩变得柔和雅致，这些色相中无论添加的是浅灰色还是深灰都适合冷暖全色型的人穿着。这些优雅含蓄的颜色，在许多休闲装和针织类的毛衣中常常出现，在偏中性的职业装中出现更多。例如柔红色、香瓜黄、灰绿色、橄榄色、灰橙色、茶绿色、茶棕色、驼色、咖色、栗色（图3-31）。

图3-31　适合的优雅色彩

（3）适合的无彩色：可以穿着全部的无彩色，包括纯白色、浅灰色、中灰色、灰色和纯黑色，除此之外，米白色也很好（图3-32）。

（4）适合全部的中性色：米色、卡色、驼色、褐色、茶色、棕色、咖啡色、深蓝色、茄紫色、靛蓝色、藏青色。

冷暖全色型的人适合的颜色非常多，但最佳的颜色是黑白灰色、珊瑚红色、胭脂红色和橄榄绿色（图3-33）。

3. 妆面颜色的选择

如图3-34所示。

（1）粉底色的选择：大多数情况下建议你使用自然色粉底液，如果你的肤色较暗、偏深色，可以试一试紫色粉底或蜜粉，它能立刻提亮偏黄、暗沉的肤色，让皮肤显得晶莹剔透、细腻而有透明感，对遮盖黑眼圈也有神奇的效果。如果点在眼下、鼻梁和额头突出部位，会让脸庞立时生辉。粉底的颜色可选择：浅色、自然色、象牙色。

（2）眼影色的选择：红紫色眼影、湖蓝色眼影、紫罗兰色眼影、蓝绿色眼影、棕色眼影。

（3）唇彩色的选择：大部分唇膏的颜色都很好，忌讳鲜艳夺目的色彩，有透明质感的无色唇彩也很好。

4. 发色的选择

可以将你的自然发色染成柔和的色彩，例如亚麻色、卡其色、柔黑色。

四、暖浅型色彩

1. 外貌特征

皮肤白皙，微微泛着奶黄色的光泽，肤质上佳，透明且干净。此类人经常在美容院寻求如何去掉肤色中的黄色调，常常为没有摆脱黄肤色而苦恼。其实完全没有必要理会"一白遮百丑"的古语，暖浅型人的肤色是中国人中最漂亮的暖色，就像看到告别冬天后第一束暖洋洋的春光，这种温暖、幸福的感觉会让身边的人都为之愉悦。此类人的自然发色较浅淡，这和温暖的肤色相当融洽。我国属于这一类型的人较多，占人口的30%，在华北地区和江淮地区最多，如果年龄超过50岁依然能保持较白皙肤质的人都属于这一类型。

图3-32 适合的无彩色

图3-33 适合的橄榄绿色

图3-34 适合的妆面颜色

2. 服装颜色的选择

暖色的服装比冷色的使你的肤色看起来更红润健康，这与偏暖色的肤发相吻合，服装选择以各类杏色服装穿着效果最佳，例如杏黄色和杏红色，面料颜色如果是加了白的浅淡暖色也很适合。

（1）适合的红色：选择偏橙色的暖红色，并且以加了白的浅暖红色最佳，例如桃红色、浅珊瑚红、浅红、肉红色、浅绯红色、虾红色、杏红色，这些颜色都能很好地增加肤色的红润感（图3-35）。

（2）适合的紫色和蓝色：你可以穿的紫色和蓝色很少，蓝色选择浅湖蓝色（图3-36），紫色选择偏红的浅紫罗兰色。

（3）适合的绿色：暖浅型可以穿的绿色比较多，主要是一些加了白的浅黄绿色和浅绿色。偏冷的蓝绿色在加了很多白色后，很像淡青果绿色，这个色彩看起来很特别，因为它是你唯一可以穿的冷绿色；浅草绿色、浅橄榄绿色、浅蓝绿、灰绿色、嫩草绿色、茶绿色、葱心绿色也都可以（图3-37）。

（4）适合的橙色和黄色：在橙色家族中，你可以选择很多颜色，那些加了白的浅黄橙色和浅红橙色，看起来很像初夏时节可口的杏子的颜色。那些类似橙黄色和橙红色的杏色都比较适合穿着，如浅橙、灰橙色、金丝雀色、黄色、鹅黄色、蛋黄色、米黄色、奶油色（图3-38）。

图3-35 适合的红色　　图3-36 适合的蓝色　　图3-37 适合的绿色　　图3-38 适合的黄色

（5）适合的无彩色和中性色：纯白色和米白色面料适合你，但是仔细观察发现米白色着装效果更好，能凸显肤质并增强五官的立体感，所以建议穿纯白时，一定要与杏色和桃色搭配，有助于提升肤质。

原则上暖浅类型的人并不适合穿黑色，但是在远离面部的其他位置可以用，比如远离面部的下装——黑色的裤子和裙子，但各类灰色或银灰色都不适合。

适合的中性色有驼色、浅咖色、卡其色、浅褐色、茶棕色、浅栗色（图3-39）。

图3-39　适合的中性色

3.妆面颜色的选择

如图3-40所示。

（1）粉底色的选择：建议选择黄色粉底和蜜粉，黄色的粉底能让黄皮肤看起来均匀、明亮，而且肤质宛如搪瓷一样细致、柔和。粉底的颜色可选择：浅色、浅米色、明亮色、象牙白色。

（2）眼影色的选择：棕色眼影、湖蓝色眼影、粉紫色眼影、白色眼影、蓝绿色眼影。

（3）唇彩色的选择：如果你的唇色是暖色，那么使用透明有质感的唇彩效果更佳；如果你的唇色是冷色，那么使用珊瑚红色或者桃粉色都可以。

图3-40　适合的妆面颜色

4.发色的选择

如果你的自然发色浅淡雅致，那么建议你保留原发色。如果发色较黑可以改变发色，建议染发色：浅棕色、黄棕色、亚麻色、浅褐色。

五、暖艳型色彩

1.外貌特征

肤色虽然不是令人向往的白皙皮肤，但暖艳型色彩的人肤色不深不浅，光泽度好，肤质也好,肤色微微发黄,两颊显桃色红润,像夏日里的阳光一样散发着活跃的气息,多数暖艳型人的自然发色较深,堪称最阳光健康的黄色皮肤美人。我国属于这一类型的人较少,大约不超过人口的10%,主要集中在沿海和空气湿度大的地区,这一类型人群年龄偏小,大约在35岁以下。

2.服装颜色的选择

鲜艳的暖色服装让暖艳型的人看起来明艳动人。穿着效果最佳的颜色为艳色、朱砂红色,此类型的人非常适合穿着红色。

(1)适合的红色:可以穿着色泽艳丽的暖红色,例如朱红色、大红色、鲜红、曙红、橘红、熟樱桃红(图3-41)。

(2)适合的紫色和蓝色:此类人可以穿的紫色和蓝色很少,蓝色选择湖蓝色和孔雀蓝,紫色选择紫罗兰色。

(3)适合的绿色:此类人可以穿的绿色比较多,主要是草绿色、中绿色、翠绿色、艳绿色、明绿色、鲜绿色(图3-42),冷的绿色并不适合。

(4)适合的橙色和黄色:各种鲜艳的橙色都可以选择,如黄橙色、红橙色、橘红色、鲜橙色、橘黄色;适合的黄色不多,向日葵的中黄色、金色、藤黄都可以(图3-43)。

图3-41 适合的红色　　　　　图3-42 适合的绿色　　　　　图3-43 适合的橙色

(5)适合的无彩色和中性色:不适合穿着纯白色,适合米白色,穿着黑色也没问题,各类灰色和银灰色都不适合。为了便于搭配许多艳丽的服饰,衣橱中一定要添加适合的中性色,如咖啡色、棕色、深茶色、深栗色、深褐、靛蓝色、藏青色(图3-44)。

图3-44 适合的中性色

3.妆面颜色的选择

图3-45 适合的妆面颜色

如图3-45所示。

（1）粉底颜色的选择：建议选择紫色粉底和蜜粉，适合肤色偏黄、暗沉的人，对遮盖黑眼圈也有神奇的效果。它能让肤色变得细腻而有透明感。如果点在眼下、鼻梁和额头等突出部位，会宛如有烛光照着一般，让脸庞立时生辉。粉底的颜色还可以选择：米色、象牙色、自然色。

（2）眼影颜色的选择：棕色眼影、湖蓝色眼影、绿色眼影、金色眼影。

（3）唇彩颜色的选择：如果你的唇色是暖色，那么有质感的唇彩效果更佳；如果你的唇色是冷色，建议选购一些珊瑚红色和橙红色的唇膏。

4.发色的选择

如果你的自然发色较深，那么建议你保留原发色，如果想尝试新的发色，深棕色、黄棕色、红棕色、栗色、褐色都可以。

六、暖深型色彩

1.外貌特征

因肤色并不白皙，常常苦恼如何有效增白。这种肤色在中国人中属较深或者中等深度，通常自然发色也较深,有黑色、深棕色、深咖色。我国属于这一类型的人较多,占人口的40%以上,集中在日照较多的长江以南地区,如广州、贵州、海南等。

2. 服装颜色的选择

暖深型的人总给人温暖活跃和有亲和力的感觉,穿着暖色、鲜艳和喜庆的颜色最为漂亮。在暖色中加入一点点黑色,就是很暖的中度深色,这些颜色很适合,其中最适合的色彩是熟樱桃红、茄红和正绿色。

(1)适合的红色:是一些色彩浓郁饱满的偏橙色的深红色,例如深红色、熟樱桃红色、熟石榴红色、番茄红、红茶色、铁锈红色、土红色、印度红色、砖红色、镉红色(图3-46),比较特别的是有点偏紫色的深酒红色,虽然属于冷红但也很适合穿。

(2)适合的紫色和蓝色:适合的紫色,只有微暖的深紫罗兰色(图3-47),适合的蓝色也比较少,有深湖蓝色和钴蓝色。

图3-46 适合的红色

图3-47 适合的紫色

(3)适合的绿色:暖深型的人可以穿的绿色较多,有深绿、军绿、深草绿、菠菜绿、西瓜绿、苍绿、墨竹绿色、中绿、铜绿、石绿、深橄榄绿(图3-48)。有个颜色很特别——深蓝绿色,这是唯一可以穿的冷绿色,但是切记要加了黑色以后的蓝绿色才适合穿。

(4)适合的橙色和黄色:适合穿着所有的深橙色,添加了黑的红橙色变成了红棕色,穿起来更好看。一些黄橙色添加黑色后变成了黄棕色不容易穿出好看的效果,但可以用化妆提亮肤色,两颊打上腮红后再穿就不会显黄了。除此以外还有浓橙色、南瓜色。黄色是暖深型人不容易穿好的颜色,如果面料中有金属质感或者镶有闪光的亮片,看起来金灿灿的穿起来就好很多,所以适合色有金黄色、金色(图3-49)。

（5）适合的无彩色：如果喜欢白色，那米白色比纯白色更合适，纯黑色也没问题，任何的灰色都不适合。

（6）适合的中性色有：咖啡色、深棕色、深茶色、深栗色、深褐色、深蓝色、藏青色（图3-50）。

图3-48　适合的绿色

图3-49　适合的黄色

图3-50　适合的中性色

3. 妆面颜色的选择

如图3-51所示。

（1）粉底颜色的选择：建议选择紫色粉底和蜜粉。这些具有修颜效果的粉底适合肤色偏黄、暗沉的人，对盖黑眼圈也有神奇的效果。它能让肤色变得细腻而有透明感。如果点在眼下、鼻梁和额头等突出部位，会宛如有烛光照着一般，让脸庞立时生辉。粉底的颜色还可以选择：米色、自然色、浅棕色。

（2）眼影色的选择：棕色眼影、自然色眼影、湖蓝色眼影、绿色眼影。

（3）唇彩颜色的选择：唇色要高调亮丽，如果唇色是冷色，那么一定要选择有遮盖力的唇膏，色彩选择土红色或者红茶色。如果是暖唇色，也要选色彩艳丽的唇膏让面部亮丽出彩。

4. 发色的选择

如果你的自然发色较浅淡，那么建议你染发，如果发色较深建议保留原发色。想改变发色，可以试试棕色、褐色、咖啡色、黑色，总之以暖色为准，并且一定要保证发色的深度超过肤色很多。

图3-51　适合的妆面颜色

第四节 个人形象塑造的色彩搭配方案

色彩与色彩的搭配其实是一个合理度的问题。达·芬奇是意大利文艺复兴时期最著名的艺术家之一,早在15世纪,他就从美学和文学的高度提出色彩搭配理论:单独一种颜色,并没有所谓的美丑,只有将两种以上的颜色放在一起时,才能产生美或不美。

色彩搭配是多种颜色科学搭配的结果,其实色彩搭配与颜色的数量没有必然关系,却与配色方法密切相关。当你站在镜子前,面对的已经不仅是黑皮鞋与上下两件衣物的配色问题,更多的问题来自首饰、鞋帽、腰带、包、打底衫、打底裤、马甲、围巾等衣着元素的混搭困惑上。

关于美和丑的认识也会随着很多因素变化,由于年龄、性别、修养、性格、爱好、经历、心情等因素的影响,同一种搭配效果,人们也会给出不同的判断。理论中"艺术多样性"和"艺术本身就是矛盾体"的哲学思想也说明,没有绝对的配色标准,而且没有完全不可搭配的彩色,各种搭配需求都有方法可以实现。

柔和雅致与鲜明强烈可算是两个极端,一个"趋同",要和大家一样,不要出错;另一个"求异",要独树一帜,脱颖而出。在上班的时候,我们要"趋同",于是会挑选具有柔和雅致效果的服饰;而参加庆典、派对、拍写真的时候,谢绝平庸,就会选择具有鲜明强烈效果的服饰。那么这两种效果究竟如何实现,才能满足不同时间、不同场合、不同人群的衣着要求呢?下面我们介绍几组色彩搭配。

一、相邻色搭配

(1)搭配的范围:在色相环上选择任何一种颜色作为主色时,它左右两边的颜色就叫作相邻色,这三个颜色的搭配叫作相邻色搭配(图3-52),任意选其中两个或者三个颜色的搭配都很和谐,这种搭配效果容易获得最广泛的认可。

(2)搭配的应用:在色相环中选择任何一个颜色作为主色调都可以将它周围的颜色作为点缀色和辅助色,应用于饰品或者服装的小面积应用中。

(3)搭配的要诀:相邻色搭配很实用,统一中又有变化。相邻搭配既可满足"柔和雅致"又可实现"鲜明强烈"。当你倾向鲜明强烈时,就

图3-52 色彩的搭配

挑选高纯度和中纯度的色彩进行搭配,这样效果就比较明显了。

（4）搭配的效果：会产生和谐悦目的搭配效果,可以"趋同",也可以"求异"。

（5）搭配的案例（图3-53）

图3-53　相邻色搭配的案例

二、同色搭配

（1）搭配的范围：如果我们从帽子到围巾、衣服、裤子、鞋子……,全都用一种颜色,固然和谐,但也难免乏味。找一个颜色,用和它相同色系但深浅不同的颜色来搭配,比如深红和浅红色、橘色和棕色、米色和咖啡色、浅绿色和橄榄绿色,效果怎样呢？

（2）搭配的应用：我们在色相环中选择10号色品红,添加白色、黑色后变成不同深浅的红色,从这些颜色中任意选三个、四个,或者更多种。搭配起来都是同色配,你会发现,整体效果就像水墨画的精髓"墨分五色"那样,层次鲜明,和谐柔美。同色搭配,全名"同一色相搭配",靳羽西女士"色彩延伸理论"就是把同色系搭配发挥到了极致。

（3）搭配的要诀：色彩与色彩之间要有深浅差异,也可以是浓淡差异（艳丽与黯淡）,为整体搭配增加更多的层次感。

（4）搭配的效果：看起来和谐雅致,视觉效果协调统一,主色调鲜明。越是在着装上偏爱"趋同",越是可以选择同色搭配法。

（5）搭配的案例（图3-54）

图3-54 同色搭配的案例

三、补色搭配

（1）搭配的范围：在色相环中，两个相对的色彩，即180°对角线连接的两个颜色，叫作补色，它们的搭配就称作"补色搭配"。红与绿、黄与紫、橙与蓝，就是我们最常见的补色搭配，也叫对比色搭配。

（2）搭配的应用：补色搭配能使色彩之间的对比效果达到最强烈的视觉刺激，最大限度地引起人们视觉的足够重视，配色效果鲜明。在舞台上，为了使人物形象足够鲜明醒目，经常使用补色搭配以达到戏剧效果。在生活中，因为大多人还是期待形象趋于平衡、趋同，很少使用补色搭配。

如今时尚和艺术工作者越来越多，补色搭配在这类人身上应用得很多。原因很简单：渴求与众不同，个性化标志展示。补色搭配常常让形象更加特别、更加张扬。

（3）搭配要诀：能够形成和谐美的补色搭配方案有很多。

① 将补色加白变浅，形成浅淡的和谐；

② 将补色加黑变深，降低色彩的活跃性，两个补色看起来沉稳协调；

③ 有主色和点缀色的概念，形成不均等面积布局，大面积的色彩和小面积的色彩会产生和谐感，这种色彩搭配可以选择最鲜艳的补色搭配；

④ 两个补色搭配时，再添加任意无彩色，例如红衣绿裤添加黑色外套或者白色打底衫。

（4）搭配的效果：鲜明强烈，非常醒目，能够在人群中脱颖而出，紧紧地抓住人们的眼球。

（5）搭配的案例（图3-55）

图3-55 补色搭配的案例

四、无彩色搭配

（1）搭配的范围：很多人认为黑色非常安全，其次是白色和灰色，整个衣橱里没有其他颜色的衣服。衣橱中为什么会有这么多无彩色的衣服呢？因为任何时候穿衣服拿不准颜色时，求助于这三个无彩色，都不会出错。这个观点绝对正确，流行T台上永远不会少了"黑白灰"，它们是永恒的流行。

（2）搭配的应用：黑白灰的搭配几乎人人都会，还需要学习吗？常穿不等于会穿，普及不等于简单，无彩色的搭配误区还真不少！灰色是一个非常含蓄内敛且沉闷的颜色，如果长时间注视灰色,你会麻木消沉,所以最好不要选择以灰色为主色的搭配。如果一定想穿灰色并尝试大面积灰色的搭配时,要选择有光泽或者金属质感的面料;面料上镶嵌闪亮的金属片和小珠子,也能增加灰色的活力。即便是有花纹图案的灰色服装面料,质感的选择同样重要。

(3)搭配的要诀:黑白搭配是无彩色中的最佳组合,但千万不要一件白衬衫加一条黑裙子,尤其是刚刚入职的新职员——这样的搭配过于单调。

(4)搭配的效果:需要明确搭配是以庄重的黑色调为主,还是轻盈的白色调为主,在黑白两色中选出一个主色大面积使用,另一个颜色做点缀。即便是换成黑白图案的服装搭配也要有主次之分。

(5)搭配的案例(图3-56)

图3-56 无彩色搭配的案例

五、中性色搭配

(1)搭配的范围:经典的"牛仔蓝"能跨越全球历经百年依然盛行,除了面料的实用性之外,它中性色特征极强的柔和深蓝色功不可没,让牛仔蓝得以包容几乎所有其他色彩。除了无彩色以外,还有很多中性色彩可以担当百搭色,它们不鲜艳,色相含糊,与黑白灰很近似但属于有彩色。如米色、卡其色、驼色、褐色、茶色、棕色、咖啡色、深蓝色、茄紫色、靛蓝色、藏青色。

（2）搭配的应用：通常的服装店中50%以上的服装是中性色。休闲服饰、牛仔、男装品牌，甚至90%以上的服装都是中性色。中性色的长盛不衰是有原因的，它是最宜于搭配的色彩，它们与黑白灰一样可以与许多颜色搭配，尤其与艳丽的色彩搭配，更是甘心情愿成为配角，衬托明艳动人的色彩。中性色看起来优雅含蓄，低调却不失品位，颇受理性人群钟爱，是表达内在气质和知性美的最佳衣着色彩。

（3）搭配的要诀：无论搭配中使用了多少个中性色，尽量增加一两个鲜明的色彩作为点缀色，面积不能太大。如果确定一个点缀色，通常要有两种以上服饰出现在搭配中，如用首饰、鞋包、丝巾、腰带或者鞋子完成点缀色的两两呼应。

（4）搭配的效果：和谐统一而不失变化的悦目效果，与邻色搭配一样，理性和感性的朋友都能接受，适合大多数人的欣赏口味。

（5）搭配的案例（图3-57）

图3-57 中性色搭配案例

第五节　找到属于自己的颜色

一、适合的颜色和喜欢的颜色

比如你一直喜欢素雅柔和的色彩，看到浓烈的色彩就觉得无从下手，可测试结果偏偏显示你是暖艳型，越是鲜艳越适合。在这样的情况下该怎么办呢？内心喜爱的色彩是主观色，与自然肤色搭配协调的色彩称之为客观色，主观色与客观色相一致的话，常常会给别人留下善于穿衣、会打扮的印象，自己也会信心满满。对于色彩的容忍度，不同性格的人也有所不同，有的人一发现自己穿错了，立刻就能接受新的色彩；而有的人，则放不下自己的偏好，难以接受经过测试得出的色彩分析。

如果你的主观色和客观色不一致，又不愿意屈就，那就要看场合了——若是居家休闲，那尽管穿自己喜欢的颜色；如果是你在意的重要社交场合，还是建议遵照肤色现状放下心仪的色彩，选择能提升肤色的"正确的"色彩。

色彩测试经验让我们看到了许多朋友美丽的蜕变，也会看到那些主观色和客观色不一致的朋友遗憾的表情。我相信"艺术没有不可能"，穿衣作为一门生活的艺术，不能停留在死板固化的模式中。经过多年的实践和总结，现在我们终于能够告诉测试者"你可以改变，可以穿上任何喜欢的色彩"。

二、改变主观颜色的方法

随着岁月的流逝，时尚流行色彩在不断地改变，怎样才能将每一季的流行色穿在身上呢？我们定义好了自己的类型，是不是只能穿符合自己的颜色了呢？下面我们通过改变自身主观颜色进行颜色的重新定位。

（1）改变面部色彩：如果我们给一位女士测出为暖深型。她的肤色又暖又深，其实在适合她的颜色中没有宝石蓝。但出席重要场合的时候，她每次都会穿那件宝石蓝色的晚礼服，大家都说好看。这是什么原因呢？我们在出席一些重要场合的时候，都会利用适合自己颜色的粉底进行肤色修正。而这位女士恰恰通过化妆将皮肤中的黄色调减掉了很多，皮肤从暖深型颜色变成了冷深型颜色。不仅可以穿宝石蓝，还可以穿很多深浅的紫色和玫瑰红。她竟然在无意识的状态下，利用粉底奇迹般地跨越了暖！简简单单一瓶粉底，竟然可以对你的服装颜色起到如此之大的影响。原来喜欢的色彩可以通过涂抹粉底改变肤色的方式，轻易改变适合你的颜色。

（2）改变头发色彩：头发的颜色也会影响到你适合的色彩，即使是相同肤色，在发色冷暖改变之后，适合的穿衣颜色也会有相应的改变。

（3）改变眼影及唇膏色：化妆师利用眼影色与服装色遥相呼应，成功实现了面部色彩与服装色彩的平衡。这与蓝色眼睛的欧洲人穿一件亮丽蓝色晚礼服艳压群芳的道理一样。一直以来研究适合的衣着色彩参照的都是人体面部色，其实只要改变这些面部色就可以改变适合的衣着颜色。

三、搭配案例

如图3-58所示。

图3-58 搭配案例

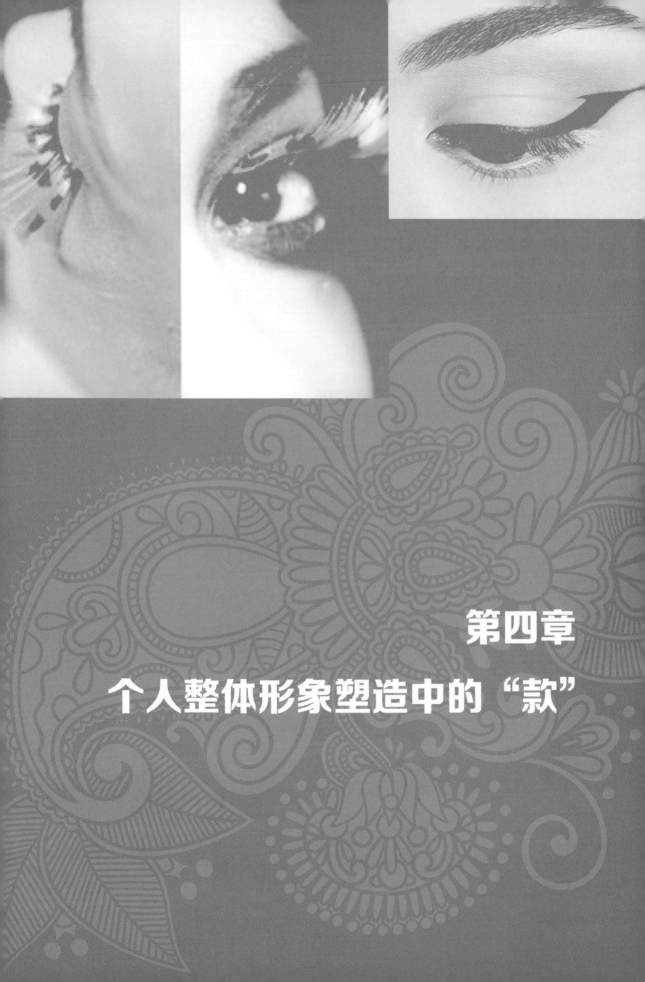

第四章

个人整体形象塑造中的"款"

服装款式的变化能够形成不同的服装风格。根据每个人不同的体型特征，需要扬长避短地进行合理搭配。因此个人形象塑造中的"款"也是非常重要的元素之一。

　　当今社会，我们都想有区别于其他人的外形和气质。利用不同的服装款式组合给人带来不同的视觉感受和心理感受，让每个人都把自己的内在审美情趣、个性通过服饰的外在形式表现出来。

　　服装款式风格的变化很多，不同的划分标准赋予服装风格不同的含义和称谓。我们从服装造型的角度可以把服装款式划分为：经典型服装、前卫型服装、浪漫型服装、阳刚型服装、优雅型服装、活跃型服装、民族型服装、个性型服装共八种。在人物形象塑造中，根据不同的分类，找到适合自己的服装风格是非常重要的。下面我们具体分析一下各种款式类型的特征。

第一节　经典型款式的服装风格

一、风格特征

　　经典型风格端庄大方，具有传统服装的特点，是相对比较成熟的、能被大多数人接受的、讲究穿着品质的服装风格。经典风格比较保守，不太受流行趋势左右，追求严谨而高雅、文静而含蓄，是以高度的和谐为主要特征的一种服饰风格。正统的西式套装是经典型的代表（图4-1）。

图4-1　经典型服装风格

经典型服装，服装轮廓多为"X"形和"Y"形"A"形，而"O"形和"H"形则相对较少。色彩多以藏蓝、酒红、墨绿、宝石蓝、紫色等沉静高雅的古典色为主。面料大多采用具有一定质感和可塑性的斜纹软呢和羊毛，花色多采用单色和传统的条纹、格子。

二、形象特点

端庄大方和传统典雅。

三、图片展示

如图4-2所示。

图4-2 经典型服装展示

第二节　前卫型款式的服装风格

一、风格特征

　　前卫型一般都被看成是艺术界的"另类",前卫和经典是两个相互对立的风格派别。前卫风格受波普艺术、抽象派艺术等影响,造型特征以怪异为主线,富于幻想,运用超流行的设计元素,线形变化较大,强调对比,局部夸张,追求标新立异、反叛刺激的形象,是个性较强的服装风格(图4-3)。前卫型形象变化万千而又不拘一格,它超出通常的审美标准,以怪诞的形式,产生惊世骇俗的效果。这种服装在形态、颜色、设计等方面超越常识,但当今常常在普通服饰中亮相,越来越多地与其他服装进行混合搭配。

图4-3　前卫型服装风格

二、形象特点

这类形象只被极少数人所接受,表现出一种对传统观念的叛逆和创新精神,是对经典美学标准做突破性探索而寻求个性方向的设计,常用夸张、卡通的手法去打破原有服装款式的形象。

三、图片展示

如图4-4所示。

图4-4　前卫型服装展示

第三节　浪漫型款式的服装风格

一、风格特征

　　高雅、华贵、潇洒、飘逸、妩媚、性感、风情万种的气质，瑰丽旖旎的姿色，彰显了浪漫型人销魂蚀骨的魅力。一般浪漫型的男子多是风流倜傥的形象；而浪漫型的女人，通常有着曲线形的身材、飘逸的长发、含情脉脉的眼神，女人味十足。

　　浪漫型的服装通常要表现出圆润的肩线、纤细的腰部和丰满的胸部，这类服装的花纹大部分是以花卉图案为主，材质轻柔，如柔软光滑的针织品、丝绸、柔滑的纯棉、雪纺绸和天鹅绒等（图4-5），多采用蕾丝、缎带、刺绣以及褶边、荷叶边等细部装饰来凸显女性之美，色彩上较多使用柔和色和亮暖色。在设计领域里和后现代主义相呼应，重视民族、民间传统，并在其中获取灵感。

图4-5　浪漫型服装风格

二、形象特点

性感、风情万种,充满女人味。

三、图片展示

如图4-6所示。

图4-6 浪漫型服装展示

第四节 阳刚型款式的服装风格

一、风格特征

　　成熟、平和、随意、洒脱、大方、自信……，充满了活力、随遇而安的率真。阳刚型款式的服装直线感强，体现了独立女性所具有的干练、刚毅形象，融合了男装夹克、西装、衬衫、领带、短靴等款式的特点（图4-7）。阳刚型形象最盛行的年代是20世纪80年代，那时流行用厚垫肩来表现女子气概。进入90年代之后，用小垫肩表现女人味的阳刚型形象开始受到欢迎，其中包括军装、西服等服装款式。

图4-7 阳刚型服装风格

阳刚型款式的服装在版型简洁的设计基础上,把夹克、裤子以及男式西装做小、做紧,做得更贴身。这类服装最大限度地展示了面料的质感,大多选择羊毛、粗花呢等结实的面料。在色彩上,以暗色调为主,如灰色、深褐色、橄榄绿等。在饰品上,不宜选择装饰性较强的饰品,而应选择设计简洁、大方的饰品。如果搭配围巾或帽子就更有助于提升形象。

二、形象特点

独立性强的女性形象。

三、图片展示

如图4-8所示。

图4-8 阳刚型服装展示

第五节　优雅型款式的服装风格

一、风格特征

优雅风格是具有较强女性特征、时尚感偏成熟，外观与品质较华丽的服装风格。优雅型是古典气质与现代风情的完美融合，这种风格的服装讲究细节设计，强调精致的感觉。外形轮廓线较多顺应女性身体的自然曲线，表现出成熟女性优雅、稳重的气质，多采用柔和的灰色调，用料也比较高档，香奈尔的服装就是优雅风格的典型代表（图4-9）。

图4-9　优雅型服装风格

二、形象特点

塑造了女性高贵优雅的形象，简练中现华丽，朴素中现高雅。这类风格的饰品多为珍珠、丝巾等。

三、图片展示

如图4-10所示。

图4-10　优雅型服装展示

第六节 活跃型款式的服装风格

一、风格特征

　　活跃型也称运动休闲型。此类服装借鉴运动装的设计元素,轮廓多为"H"形、"O"形,自然宽松,便于活动。面料多采用棉与针织等可以突出功能性的材料组合。色彩鲜艳而明亮,白色与各种不同明度的红色、黄色、蓝色等在服装中撞色搭配。图案多为条纹、格子以及活跃、华丽的花纹。此外,具有可爱的卡通图案的印花,也深受喜爱(图4-11)。

 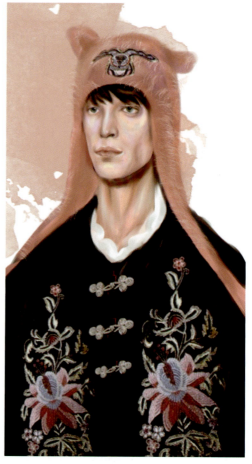

图4-11 活跃型服装风格

这类服装充分地展现了当代年轻人旺盛的生命力和青春的活力。活跃型的拥护者大多是青少年,他们喜欢设计夸张的T恤、休闲的拉链上衣、时髦的牛仔裤、哈伦裤、彩色的紧身铅笔裤、羽绒派克大衣等服饰。

二、形象特点

活泼、亮丽、鲜明。

三、图片展示

如图4-12所示。

图4-12　活跃型服装展示

第七节　民族型款式的服装风格

一、风格特征

民族型服装是带有传统色彩、乡土气息等元素感的服装，是从各民族传统的染色、植物图案、刺绣、饰品等事物中得到灵感而设计的服装款式。它是由一个民族的社会结构、经济生活、自然环境、风俗习惯、艺术传统以及共同的审美观点等诸多因素构成的，展现了一种知性、亲切大方的女性形象（图4-13）。

图4-13　民族型服装风格

朴素大方的天然织物是民族型风格服装的首选。各种民族独有的刺绣手法、经典奇异的图案纹样都可以出现在此类服装上。面料的颜色多以明亮的色彩和纯度较高的对比色为主要颜色。这类服装还有一个特点，就是裁剪相对简单，常常通过披挂式、围裹式等装饰手法呈现出来。

二、形象特点

亲切、知性、朴素大方。

三、图片展示

如图4-14所示。

图4-14　民族型服装展示

第八节　个性型款式的服装风格

一、风格特征

　　个性的形象产生于20世纪60年代，近几年又重新疯狂起来。由于艺术家们竭力追求自我，纷纷打破传统风格，以独立的个人经验、感受及创作活跃于各种艺术活动中。个性型的服装往往惊世骇俗，面料选用非常特别，跨度较大，可以从最原始的棉麻到高科技的最新型面料（图4-15）。

图4-15　个性型服装风格

二、形象特点

追求自我,打破传统,搭配自由,突出个性。

三、图片展示

如图4-16所示。

图4-16 个性型服装展示

第五章

身体局部修饰的建议

第一节 体型的分类

一、英文字母命名法

目前很多的形象塑造类书籍，大多数都会从视觉效果上将体型分为五种类型：X形、A形、Y形、H形、O形（图5-1）。

（1）X形：腰很细，但是肩部与臀部比较宽，这是很多女性朋友比较喜欢的体型。

（2）A形：肩很窄，但是腰部和臀部比较丰满，亚洲女性很多是此类体型。

（3）Y形：肩很宽，腰部和臀部与肩部比起来要窄一些，此类体型大多数腿比较细。

（4）H形：直线条，缺乏曲线感，腰部与肩部和臀部基本上没有变化，略显男性化。

（5）O形：人比较丰满，臀部腹部比较突出，此类体型多为胖人。

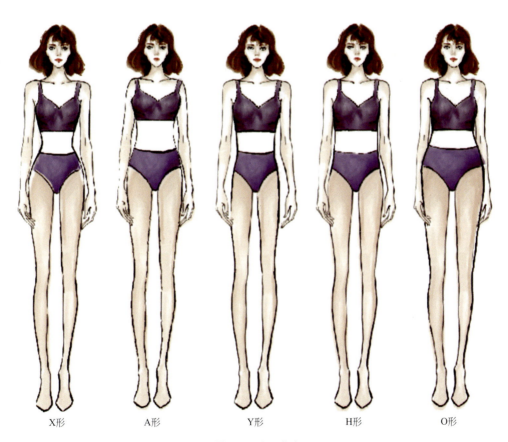

X形　　　　A形　　　　Y形　　　　H形　　　　O形

图5-1　体型分类

第五章　身体局部修饰的建议

二、几何形象命名法

很多体型分类方法主要围绕肩、腰、臀三个部位的粗细变化来界定。不同名称描述的都是这三个部位的不同曲线形成的外轮廓。

（1）沙漏形——对应的是X形体型（图5-2）
（2）三角形——对应的是A形体型（图5-3）

图5-2　沙漏形体型及适合的服装

图5-3　A形体型及适合的服装

（3）倒三角形——对应的是Y形体型（图5-4）
（4）矩形——对应的是H形体型（图5-5）

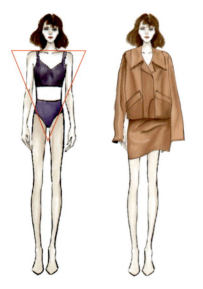

图5-4　Y形体型及适合的服装

图5-5　H形体型及适合的服装

（5）椭圆形——对应的是O形体型（图5-6）

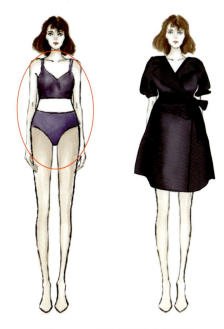

图5-6　O形体型及适合的服装

三、象形物化命名法（图5-7）

1. 可乐瓶形

2. 梨形

图5-7

第五章　身体局部修饰的建议

3. 草莓形

4. 黄瓜形　　　　　　　　　5. 柠檬形

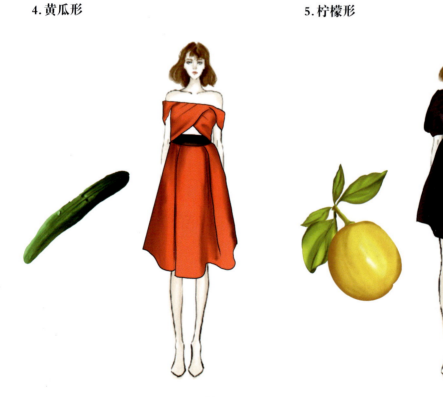

图5-7　象形物化命名法

第二节　颈部的修饰

天鹅的脖子让我们看到了美丽的曲线，更让我们想到了舞蹈演员的脖子优美挺拔。脖子真的是越长越好看吗？答案是否定的。如何判断自己的脖子是长还是短呢？测量方法是：目光直视，测量从下巴到锁骨窝的垂直距离，≤6厘米属于短脖子；≥9厘米属于长脖子（图5-8）。众所周知脖子长选择服装领型的余地就会大一些，那么脖子短该怎样选择领型呢？下面让我们通过图片的对比，来解决困扰你的多种问题。

图5-8　脖子的长短

一、脖子不够长如何修饰

1.通过领型变化来修饰脖子不够长的缺点（图5-9）

图5-9　领型修饰脖子

2. 通过简化肩部装饰来修饰脖子不够长的缺点（图5-10）

图5-10　肩部装饰修饰脖子

3. 通过项链、耳环来修饰脖子不够长的缺点（图5-11）

图5-11　饰品修饰脖子

4. 通过发型来修饰脖子不够长的缺点（图5-12）

图5-12　发型修饰脖子

5. 通过领子装饰来修饰脖子不够长的缺点（图5-13）

图5-13　领子修饰脖子

第五章　身体局部修饰的建议

二、脖子太长如何修饰

1. 通过领型变化来修饰脖子过长的缺点（图5-14）

图5-14　领型修饰脖子

2. 通过肩部装饰来修饰脖子过长的缺点（图5-15）

图5-15　肩部装饰修饰脖子

3. 通过项链、耳环来修饰脖子过长的缺点（图5-16）

图5-16 饰品修饰脖子

4. 通过发型来修饰脖子过长的缺点（图5-17）

图5-17 发型修饰脖子

5. 通过领部装饰来修饰脖子过长的缺点（图5-18）

图5-18　领部装饰修饰脖子

第三节　肩部的修饰

　　模特儿被大家称为"天生的衣服架子"。女性体型的横向线条指的是肩部，纵向线条指的是身高。女性服装在20世纪80到90年代出现了垫肩热，主要是为了表达女性独立自信，与男性社会角色平等。近几年服装设计师在服装设计中通过铆钉、褶皱、肩章等元素对肩部进行突出设计，让现代女性散发出优雅的气质和满满的自信。

　　肩部曲线示意图如图5-19所示。

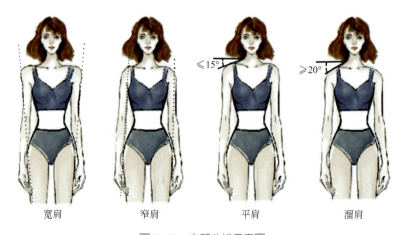

图5-19　肩部曲线示意图

一、溜肩、窄肩的修饰

1. 增加肩部装饰（图5-20），减少臀部装饰
2. 服装颜色上浅下深，上花下单（图5-21）
3. 肩部通过图案和裁剪进行横向拉伸（图5-22）

图5-20　强调肩部装饰

图5-21　上浅下深、上花下单的搭配

图5-22　横向拉伸的肩部设计

第五章　身体局部修饰的建议

二、端肩、宽肩的修饰

1. 肩部无明显分割线（图5-23）
2. 臀部曲线夸张（图5-24）
3. 肩部减少夸张（图5-25）

图5-23　分割线下移

图5-24　臀部曲线夸张

图5-25　肩部减少夸张

第四节　胸部的修饰

一说到性感大家想到的首先是女性独有的胸部曲线，胸部是否属于丰满型是与身高、肩宽、胸高点等因素相关的，也不是越丰满越好，和谐健康才更具美感。胸部基本上可以分为大胸、标准胸、小胸三种类型，通常以罩杯的尺码来衡量。

一、平胸如何修饰

1. 对胸部进行图案、款式、颜色、面料的装饰（图5-26）

图5-26　胸部装饰

2. 上身穿出层次感（图5-27）

图5-27　上身具有层次感

3. 腰细会显得胸大（图5-28）

图5-28　强调腰部曲线

4. 加厚文胸的内垫（图5-29）

图5-29　加厚文胸

5. 佩戴长款项链（图5-30）

图5-30　佩戴长款项链

二、大胸如何修饰

1. 减薄文胸的内垫（图5-31）

图5-31　减薄文胸

2. 减少胸部图案（图5-32）

图5-32　胸部无图案

3. 加垫肩（图5-33）

4. 戴吊坠项链（图5-34）

图5-33　加厚垫肩

图5-34　戴吊坠项链

5. 穿宽松外套（图5-35）

图5-35　穿宽松外套

第五节　手臂的修饰

因为我们很多人缺乏锻炼，胳膊会出现"蝴蝶臂"的情况，上了一定岁数的人都有同感，减肥后胳膊的粗细变化不大。那我们如何通过着装来修饰我们的手臂呢？手臂可以分为：粗臂、细臂、长臂、短臂、粗细适中的标准臂（图5-36）。

图5-36　手臂的分类

（标准臂　长臂　粗臂　细臂　短臂）

一、粗臂如何修饰

1. 选择单色或者深色的上衣（图5-37）

图5-37　单色上衣

2. 选择上宽下窄的长袖设计（图5-38）

图5-38　蝙蝠衫设计

3. 袖子选用通透的薄纱面料（图5-39）

图5-39　袖子薄纱设计

4. 袖口停留到胳膊最细的地方（图5-40）

图5-40　袖口设计

5. 宽松的蝙蝠袖或披肩（图5-41）

图5-41　蝙蝠袖或披肩设计

6. 没有膨胀感的泡泡袖（图5-42）

图5-42　没有膨胀感的泡泡袖设计

7. 袖子上有垂线设计（图5-43）

图5-43　袖子上有垂线设计

二、细臂如何修饰

1. 采用硬挺面料（图5-44）

图5-44　硬挺面料

2. 袖子蓬松宽大，袖口收紧（图5-45）

图5-45　袖子宽大的服装

3. 采用镂空面料（图5-46）

图5-46　镂空面料

4. 袖口添加装饰设计（图5-47）

图5-47　袖口装饰设计

5. 袖子表面装饰有肌理和膨胀感（图5-48）

图5-48　袖子表面有肌理和膨胀感的装饰

6. 利用多层次叠穿（图5-49）

图5-49　多层次叠穿

7. 选择袖长结束在手臂七分处（图5-50）

图5-50　七分袖服装

8. 利用出彩的装饰吸引视线（图5-51）

图5-51　饰品装饰

第六节　腿部的修饰

腿粗是困扰很多女孩子的难题，我们如何通过穿衣打扮来修饰自己腿部的曲线也是很有学问的。每个人的骨骼条件不一样，有的人骨架比较大，有的人肌肉比较多。但也不是越细越好，从人类的审美角度看，适中才是我们的最理想曲线。各种腿型示意图如图5-52所示。

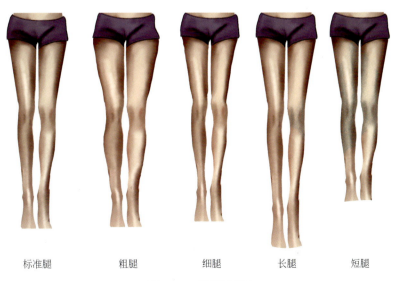

标准腿　　粗腿　　细腿　　长腿　　短腿

图5-52　腿型示意图

一、粗腿如何修饰

1. 大腿粗可以让裙子的边缘在膝盖处；小腿粗可以让裙子的边缘在脚踝处（图5-53）

图5-53　裙子长短的变化

2. 深色下装（图5-54）或者同色套装

图5-54　深色下装

3. 用直筒长裤遮盖住脚面（图5-55）

图5-55　直筒长裤

4. 裙长在小腿最细处或脚踝处（图5-56）

图5-56　长裙

5. 选择高跟鞋（图5-57）

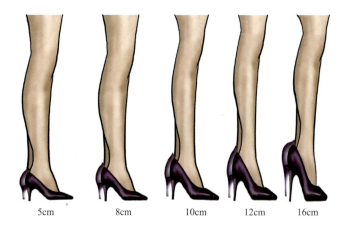

图5-57　高跟鞋高矮视觉效果的对比

6. 具有装饰设计的皮靴（图5-58）

图5-58　靴子装饰物的位置变化

7. 鞋子与下装（打底袜）颜色一致（图5-59）

图5-59　裤子与鞋子颜色变化的对比

8. 靴子的长度不宜在小腿肚的最宽处（图5-60）

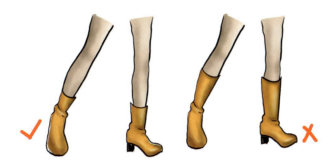

图5-60　靴子的长度

9. 利用装饰物点亮上半身，转移视线，远离腿部（图5-61）

图5-61　装饰物转移视线

二、细腿如何修饰

1. 裤装比裙装合适，裤子越长越好（图5-62）

图5-62　裤子的长短变化

第五章　身体局部修饰的建议

2. 具有厚和粗糙肌理面料的裤装（图5-63）

图5-63　裤子面料的变化

3. 裤装选用印花图案的面料（图5-64）

图5-64　印花图案的面料

4. 裤装选用宽松肥大的款式效果更好（图5-65）

图5-65　宽松肥大的款式

5. 下装选用浅色和横线条元素（图5-66）

图5-66　有横线条元素的下装

6. 裤装选用装饰元素（图5-67）

图5-67　有装饰元素的裤装

第五章　身体局部修饰的建议

7. 裙装长度到小腿肚（图5-68）

图5-68　裙子的长短变化的对比

8. 层层叠叠的穿法以及袜子、靴子混搭穿法（图5-69）

图5-69　混搭穿法

第六章

修饰身材比例的形象塑造

第一节　腰部线条的修饰

"杨柳细腰"是每个女性都向往的腰部曲线。不管是传统服饰旗袍，还是结婚时穿的婚纱，甚至在平时穿衣打扮，都可以用垫高胸部、利用腰带等方式显示腰部曲线。年轻人愿意穿低腰裤和露脐装来展现腰部曲线，随着年龄的增长和脂肪的囤积，女性最容易长肉的部分就是腰部，腰部曲线也会变得越来越不明显。腰部线条的保持一直是我们衡量体态的重要指标之一。腰部是人体的黄金比例分割点，腰粗如何通过穿着进行修饰，也成了大家非常关心的问题。下面我们为大家提供一些穿着建议来避免腰粗的尴尬吧。

腰部曲线按照形态标准分为：粗腰、细腰、长腰、短腰、标准腰（图6-1）。

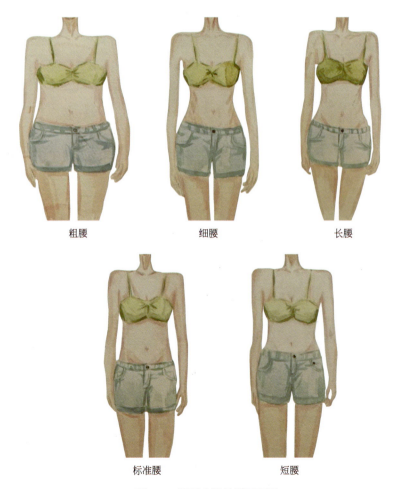

图6-1　腰部曲线分类示意图

一、粗腰变细如何修饰

1. 尽量避免穿着收腰明显的服装，建议穿着H形服装（图6-2）

图6-2　H形服装

2. 尽量避免穿着腰部有装饰的上装，建议穿着加宽肩部线条的上装（图6-3）

图6-3　宽肩服装

3. 尽量避免穿着腰部有太多装饰的裙装，建议穿着加强其他部位装饰的裙装（图6-4）

图6-4　肩部装饰的服装

4. 尽量避免穿着腰部有横线条装饰的服装，建议穿着有斜线条装饰的服装（图6-5）

图6-5　斜线条服装

5. 尽量避免穿着腰部紧身的服装，建议穿着腰部宽松的服装（图6-6）

图6-6　腰部宽松服装

6. 尽量避免穿着有横向线条的服装，建议穿着垂线设计明显的服装（图6-7）

图6-7　垂线条服装

二、提高腰线如何修饰

1. 尽量避免穿着上下比例明显的服装，建议穿着连衣裙或连体装（图6-8）

图6-8　连衣裙

2. 尽量避免穿低腰款服装，建议穿高腰款服装（图6-9）

图6-9　高腰款服装

3. 尽量避免穿着宽松的服装，建议穿着束腰的服装（图6-10）

图6-10　束腰服装

4. 尽量避免穿着显上身长的服装，建议穿着短上衣或高跟鞋来拉长下半身比例（图6-11）

图6-11　拉长下半身比例

第六章　修饰身材比例的形象塑造

5. 尽量避免穿着下身款式复杂的服装，建议穿着上身设计感强、款式复杂的服装（图6-12）

图6-12　上身具有设计感

第二节　腹部线条的修饰

一、小肚腩的形成

1.绝大部分人都有小肚子，而且成年女性的体型变化往往都是从腰腹部增大开始的（图6-13）。

图6-13　腹部线条变化图

2.小肚腩其实是个综合性问题，肚子带动腰部变粗、臀部变丰满。拥有小肚腩是个非常普遍的体型问题，如何减弱腹部的凸显是问题的关键。

二、小肚腩如何修饰

1. 建议穿着使胸部丰满的服装（图6-14）

图6-14　使胸部丰满的服装

2. 建议穿着垫宽肩部或肩部有装饰的服装（图6-15）

图6-15　肩部有装饰或垫肩的服装

3.建议穿着肩部突出的服装(图6-16)

图6-16 肩部突出的服装

4.建议穿着没有明显收腰的服装(图6-17)

图6-17 无收腰服装

5.建议穿着有褶皱的服装（图6-18）

图6-18 有褶皱的服装

6.建议穿着有印花图案的服装（图6-19）

图6-19 有印花图案的服装

7. 建议穿着有层次、有层叠的服装（图6-20）

图6-20　有层次、有层叠的服装

8. 建议穿着垂线设计元素的服装（图6-21）

图6-21　垂线设计的服装

9. 建议穿着腹部、臀部宽松的服装（图6-22）

图6-22　腹部、臀部宽松的服装

10. 建议穿着胸口特别设计的服装（图6-23）

图6-23　胸口特别设计的服装

第六章　修饰身材比例的形象塑造

第三节　臀部线条的修饰

现在人的饮食习惯和工作习惯导致我们在餐桌前和电脑前久坐，缺乏锻炼导致肥胖，臀部变宽。

一、宽臀变窄

1. 建议穿着强调肩部的服装（图6-24）

图6-24　强调肩部的服装

2. 建议穿着斜向设计的服装（图6-25）

图6-25　斜向设计的服装

3. 建议穿着竖向线条的服装（图6-26）

图6-26　竖线条的服装

4.建议穿着连体式的服装(图6-27)

图6-27 连体式的服装

5.建议穿着有层次混搭的服装(图6-28)

图6-28 有层次混搭的服装

6. 建议穿着转移重点来掩饰的服装（图6-29）

图6-29 掩饰臀部的服装

二、提升低臀

1. 建议搭配高跟鞋来增加腿部长度（图6-30）

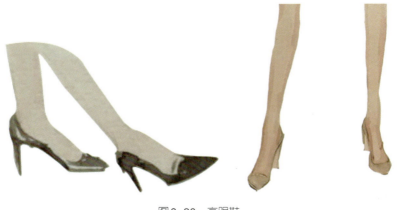

图6-30 高跟鞋

2. 建议穿着高腰剪裁的裙装和裤装（图6-31）

图6-31 高腰裁剪的服装

3. 建议穿着没有束腰的服装（图6-32）

图6-32 没有束腰的服装

4. 建议穿着单色或深色下装（图6-33）

图6-33　深色下装

5. 建议穿着上身鲜亮的服装（图6-34）

图6-34　鲜亮上装

三、打造翘臀

1. 尽量避免穿着臀部没有装饰物的服装,建议穿着臀部缀满装饰物款式的服装(图6-35)

图6-35 臀部缀满装饰物

2. 尽量避免穿着H形服装,建议穿着收腰放臀的款式(图6-36)

图6-36 伞状裙装

3. 尽量避免穿着没有腰线的服装，建议穿着有公主线剪裁的裙装（图6-37）

图6-37　公主线连衣裙

4. 尽量避免穿着直筒裙，建议穿着挺括面料的鱼尾裙（图6-38）

图6-38　鱼尾裙

第四节　服装的线条和图案的修饰

一、视觉效果在服装中的应用

1. 点的视觉效果（图6-39）

点的视觉效果在服装中的应用比较广泛。点的大小、疏密、位置不同在服装中产生的效果是不一样的。小点图案显得较朴素，适用于类似色或对比色的配色装饰；大点图案具有流动性，适合设计宽大的服装，显得比较有动感。

图6-39　点的视觉效果

2. 线的视觉效果（图6-40）

服装中线的视觉效果分为横向线条和纵向线条。横向线条主要是通过比例关系的（例如腰带）调整来显示身体的高矮；纵向线条主要是通过比例关系的调整（例如服装垂线设计）显示身体的胖瘦。

(a) 显瘦　　　　　　　　(b) 显胖

图6-40　线的视觉效果

3. 面的视觉效果（图6-41）

面的视觉效果在服装结构和层次上体现的比较多，层叠容易展示出臃肿的感觉。所以厚重的面料层叠，更适合秀场上款式的表达和设计理念的体现。

图6-41　面的视觉效果

二、横线条在服装中的应用

1. 横线条在服装上呈现出来的宽度是关键（图6-42）

大家都认为横线条显胖，但并不是所有的横线条都会显胖。条纹越宽，数量越少的横线条会显得身材更加丰满，适合体型偏瘦的女性；条纹越窄，数量越多的横线条会显得身材更瘦，适合体型偏胖的女性。

图6-42 不同宽度的横线条服装

2. 横线条在不同位置的搭配是关键（图6-43）

裙装的线条通过外套的穿搭使里面裙装的横向线条变短，开衫自然下垂出现纵向线条的拉伸，使人显瘦；横线条的开衫搭配单色打底裙会让人感觉横条变细，开衫长度越长会显得人越瘦。

图6-43 横线条搭配的服装

三、竖线条在服装中的应用

1. 竖线条在服装中的数量是关键（图6-44）

大家都知道竖线条显瘦，但并不是所有的竖线条都会显瘦，利用竖线条显瘦也是有技巧的。竖线条不能超过三条，如果竖线条过多，反而有扩张的效果。一条或两条竖线条，瘦身的效果最好。

图6-44 竖线条的数量变化

2. 竖线条在服装中的搭配是关键（图6-45）

利用服装与服装之间的搭配形成竖线条的对比，利用内搭和外套颜色的反差营造竖线条效果，保持整体服装有连贯性（不系扣子）、服装搭配颜色形成深浅反差（黑白色）、外套长于内搭，这些对提升形象都有很好的作用。

图6-45 竖线条是通过内外服装颜色的搭配形成的对比，从而让纵线条更加明显

第六章　修饰身材比例的形象塑造

四、斜线条在服装中的应用

1. 斜线条的搭配是关键（图6-46）

无论是一条斜线还是多条斜线，都能很好地让你实现显高显瘦的梦想，选择这些斜线服装的诀窍是调整斜线倾斜度，底纹线条越长越好。

图6-46　斜线条在服装中的应用与对比

2. 斜线条具体应用实例（图6-47）

通过服装结构和款式上斜线条的运用，整体造型会让人体比例显高显瘦。

图6-47　斜线条在服装中的应用实例

五、颜色在服装中的应用

1. 色彩的位置（图6-48）

利用色彩位置的变化实现人体比例增高的效果。服饰配件搭配需要塑造亮点并逐步提高亮点的位置，让人从视觉上感觉显高显瘦。

图6-48　鞋—裙边—腰带—项链（位置不断上升）

2. 色彩的呼应（图6-49、图6-50）

通过服装与鞋子颜色的呼应、裙子和手包颜色的呼应，确定整体造型的搭配。

图6-49　服装和鞋的颜色呼应　　　　图6-50　裙子和手包的颜色呼应

六、面料在服装中的应用

1. 不同面料的视觉差别（图6-51）

同样款式的服装在不同面料的表现手法中会体现出不同的效果。面料比较简单、平滑的服装穿在身上会显瘦；面料比较厚重、有纹路的服装穿在身上会显胖。

图6-51　不同面料的视觉差别

2. 不同面料的应用（图6-52）

牛仔面料的服装显得比较年轻、活泼；光感面料的服装显得比较时髦、冷峻。

图6-52　不同面料的应用

七、图案在服装中的应用

1. 不同图案的视觉差别（图6-53）

体型丰满、个子不高的人在选择服装上需要注意尽量选用单色服装或图案花色较少的服装；有花纹图案或者图案较大的服装会有膨胀感，比较显胖。

图6-53　不同图案的视觉差别

2. 不同图案的应用（图6-54）

上身单薄的人可以选择图案比较丰富的衣服来丰满上半身廓形；脖子比较短的人可以选择领型具有Y形效果的图案装饰。

图6-54　图案的应用

第七章

个人形象塑造中的礼仪规范

第一节 礼仪概述

礼仪是人类文明和社会进步的重要标志，它既是交往活动的重要内容，又是道德文明的外在表现形式（图7-1）。"礼"从宗教发展到政治，进而扩展到社会生活的各个领域，让我们知道礼仪不仅仅是一种仪式，也是政治、法律制度、行为规范等级的标志。

中国素有"文明古国""礼仪之邦"的美名，中国的礼仪文化历史悠久，内容丰富，我们可以由浅入深将礼仪进行详细的讲解。

图7-1 礼仪的概述

一、礼仪的基本内容

1. 礼仪的含义

礼仪包含以下几个方面的内容：礼仪是一种行为规范或行为模式，表现在人们的习俗之中，成为典章制度的重要内容；礼仪是大家共同遵守的一种行为准则；个别人与众不同的行为方式，不能成为礼仪；礼仪的意义在于实现人际关系的和谐。

礼貌包括礼貌行为和礼貌语言两个部分：礼貌行为是一种无声的语言，需要通过人们的仪表、仪容、仪态来体现；礼貌语言是一种有声的语言，要求人们说话和气，言谈得体，不讲脏话和粗话。

礼节是人们在社会交往过程中表示敬意、问候、致谢、祝颂、慰问等意愿必须遵循的惯用形式。

仪表是指人的外表，包括容貌、姿态、风度、服饰和个人卫生等，是礼仪的重要组成部分。

仪式是礼的秩序形式，是一种重大的礼节，即为表示敬意或表示隆重而在一定场合举行的、具有专门程序的规范化的活动。

2.礼仪的特征

作为一种文化现象和社会交往规范的礼仪（图7-2），具有以下五个特征。

（1）丰富性：按应用范围一般分为：商务礼仪、服务礼仪、社交礼仪和涉外礼仪等几大类。

（2）继承性：礼仪是一个国家、民族传统文化的重要组成部分。

图7-2　商务谈判

（3）差异性：由于文化传统、风俗习惯与宗教信仰的不同以及时间、空间或对象的差别，存在着很大的差异。

（4）互动性：礼仪的互动性是礼尚往来。

（5）时代性：礼仪是时代的产物，随着时代的发展而变化。

3.礼仪的原则

现代礼仪内容丰富，形式多样，不论什么礼仪都遵循一定的原则，以下是礼仪的五个原则。

（1）平等交往的原则：平等交往是社交礼仪中首要的原则之一。尽管人们的年龄、性别、职业、社会地位各不相同，但是在人与人交往时必须以平等的姿态出现。人有与他人交往的需求，也有自尊、要求他人尊重的需要，没有人心甘情愿接受别人的蔑视与侮辱。只有平等对待他人，才能形成和谐、融洽的人际关系，人们才会在交往中感到愉快和满足，发展人际关系才有可能。

（2）真诚守信的原则：在人际交往过程中，要赢得对方的信任，必须要真诚守信。所谓"守信"是指与人交往时要讲信用，要"言必信、行必果"。答应为别人办的事，一定要竭力办好。如果对方的要求自己办不到或暂时有困难不好办，说话要有分寸，不能信口开河的胡乱许诺，以致失信于人。

（3）理解宽容的原则：在社会交往过程中，不但要以礼待人，而且要善解人意。"人非圣贤，孰能无过？"人与人在交往过程中，如果出现意见相反，或对方伤害了自己的尊严，侵犯了自己的利益，甚至有不入耳、不顺眼的言行，也应该以宽容之心予以谅解，唯有宽容才能排除人际交往中的种种障碍。

（4）贵在自觉的原则：要求人们时刻要讲文明、讲礼仪，遵守公共秩序，注意各种小节。自觉遵守各种礼仪规范，保证社会主义精神文明建设。礼仪教育的目的就在于唤起广大民众，特别是我们年青一代遵守礼仪的自觉性。

（5）交往适度的原则：交往的时间要适度，交往的距离要适度，交往的频度要适度。"君子之交淡如水"说明在人际交往中沟通和理解是建立良好人际关系的重要条件。但如果不善于把握沟通时的感情尺度，会适得其反。一般交往中，既要彬彬有礼又不能低三下四。

4.礼仪的作用

（1）礼仪是人们相互交往的行为准则：为了使人们的交往得以顺利进行，必须讲究礼仪。

从平时的走亲访友、接打电话,到参加宴会或舞会,从主持会议、接待来访,到参加商务谈判或外事活动等,都要遵守一定的礼仪规范。只有讲究礼仪,在社会交往中对人以礼相待,才能赢得对方的好感与信任,使彼此的交往产生良好的效果。

(2)礼仪是塑造社交形象的重要一环:只要与人交往,就有一个以什么形象出现的问题。所谓形象,就是双方在对方心目中形成的综合化、系统化的形象。一个人的音容笑貌、言谈举止、着装打扮以至气质修养,都是形象的构成要素,对此决不能掉以轻心。不好的形象得不到对方的信任和社会的认可,是肯定的;要想得到对方的信任需要做好个人形象的塑造。

(3)礼仪是促进国际交流与合作的有力手段:尊重国际礼仪和交往礼节,尊重各国人民的风俗习惯,是我国对外活动的一贯做法。我国的国际交往随着国门的逐渐打开,正式的官方交往和民间交往也日益增多,对涉外礼仪的研究也提升了一个档次。像我们一般的旅游、访问、学习、工作等都需要保持礼节,遵守外国礼仪中的国际通行惯例,同时与我国的环境变化相结合进行不断的调整,让不同国家的文化传统和道德规范相互尊重,使自己的言谈举止、待人接物合乎礼仪,注重礼仪的时效性。

二、礼仪的重要性

礼仪修养是指人们为了达到某种社交目的,按照一定的礼仪规范要求,结合自己的实际情况,在礼仪的品质、意识等方面进行的自我锻炼和自我改造,从而形成一种境界和涵养(图7-3),主要表现在礼貌、礼节、仪表、仪式等方面。

图7-3 礼仪的重要性

加强礼仪修养有助于个人进行自我形象设计,展示自身魅力。个人魅力主要分为内在魅力和外在魅力两种:内在魅力是一种无形的力量,主要包括卓越的个性、良好的气质、广博的学识和高尚的品德;外在魅力是一种有形的力量,主要包括均匀的外貌、庄重的服饰、文雅的言谈和得体的举止。

三、提高礼仪修养的途径

（1）通过课堂教学掌握礼仪知识：通过课堂讲授的方式学习礼仪方面的知识，是掌握礼仪知识中最基础的一种途径。

（2）通过社会实践深化礼仪实践：礼仪的关键在于通过社会实践，提高礼仪修养，仅靠学校课堂上的学习是远远不够，需要通过深入的社会实践活动，才能深化礼仪的实践。

（3）通过榜样的力量强化礼仪感知：礼仪是人们内在道德修养的外在表现，只有修于内，方能行于外。在礼仪修养方面，榜样的力量是无穷的。许多伟大的人物非常注重细节和原则性问题，给大家做出了很多的榜样。

（4）通过持续学习改进礼仪行为：坚持养成多阅读、勤积累的好习惯，不但能了解社会动向，掌握社会发展趋势，更能帮助我们提升自己、增长见识、加强修养。持续学习、广泛涉猎科学文化知识，加强艺术修养才能更好地在社会上立足。

（5）通过日积月累培养礼仪意识：礼仪的修养必须通过日积月累和自我教育，才能够很好地发挥出来。在日常生活中要抛弃种种轻视礼仪的观念和一切失礼的言行，培养出良好的礼仪品质和礼仪意识。

（6）通过良好习惯塑造礼仪品质：人的教养体现在日常的点滴小事中，每一个人都要学礼、懂礼、守礼、用礼。良好的礼仪素质，应注重日常养成，循序渐进，必须从身边的点滴小事做起，从大处着眼，小处着手，寓礼仪于细致之中。

第二节　礼仪规范

一、服饰礼仪

着装能够反映出一个人的性格、气质、爱好和追求，也能显示一个人的社会地位、文化品位、艺术修养、待人处事的态度。恰当的服饰表示对他人的尊敬和礼貌。

1. 着装的基本原则

（1）TPO原则：T（时间）、P（地点）、O（目的）三个单词的首字母，要求人们着装时要充分考虑三个因素：着装的时间；着装的地点；着装的目的（图7-4）。

① T：时间有三层含义：一是指每日的早上、中午和晚上三个时间，相应的服装也分为晨装、日装、晚装；二是指春、夏、秋、冬四个季节的变化对着装的影响，比如夏天的服饰就应以轻快、凉爽为原则，冬季的服饰就应以保暖、简洁为原则；三是时代的差异，服饰应根据年代和顺应时代的潮流为主线来考虑。

② P：地点指的是具体场所：工作地点、购物中心、旅游景点、家中等等需要与之相协调的不同服饰。上班应该穿西服或工作服，外出旅游可以穿休闲服，居家可以穿便服。在不同的场合应该选择不同的服装，以此体现自己的身份、教养和品位。一般而言，涉及的场合为：公务场合、社交场合、休闲场合。

③ O：着装还要考虑目的，人们希望通过自己的穿着打扮给别人留下什么样的印象。比如应聘办公室人员就最好穿西装和套装，着装颜色要素雅干练一些；应聘艺术工作者着装上可以略微彰显个性、有设计感，但是不要太随便；应聘教育工作岗位最好不要着装太性感和太花哨。

（2）着装的基本元素（图7-5）

① 年龄：不同年龄层次的人，应穿着与其年龄相适应的服饰。例如少女可以穿上合身的短裙或者超短裙来展示自己的美丽形体和朝气活力，中年女性需要选择稳重的服装来展示自己的成熟魅力。

② 形体：根据自己的身材选择服装，达到扬长避短的效果。可以运用不同的服装色彩、服装款式、服装面料进行局部的修饰和强调，将自己的形体进行扬长避短的展示。

③ 肤色：肤色的不同对于服装颜色的选择至关重要。皮肤的颜色需要服装去衬托，亚洲人多为肤色偏黄，适合选择蓝色或者浅蓝色的衣服来衬托皮肤，不要选择群青、品蓝等颜色，这些颜色会使脸色看起来更显黄。

④ 脸型：脸型的大小和形状直接受饰品的长短粗细以及衣领造型的影响，不同的脸型和不同长短的脖子都需要选择不同的领型和不同的项链进行修饰。

2. 服饰穿戴的讲究

（1）西装穿着的礼仪要求：作为国际国内正式场合的经典服装，西装具有造型优雅、做

图7-4 着装TPO原则

图7-5 着装的基本元素

工考究等特点。在穿着西装的时候有很多的穿着讲究和礼仪要求。

男士在正式场合穿着西服套装的时候,全身颜色必须限制在三个颜色以内,最好选择灰色、藏蓝色、棕色的单色西装;西服袖口上的商标必须拆掉,领口和袖口衬衫都应露出西装1～2厘米。正式场合不能穿夹克衫或者短袖衬衫打领带;也不要穿白色袜子,应当穿与裤子和鞋子颜色协调的袜子(图7-6)。

(2)套裙穿着的礼仪要求:套裙是塑造职业女性形象最好的服装之一。在穿着套裙的时候有很多的穿着讲究和礼仪要求。

女士在正式场合穿着套裙的时候,不能选择黑色皮裙,会显得不庄重;袜子必须完好无损、颜色选择常规颜色,以单色为主,最好不要光脚穿鞋(图7-7)。

(3)饰品礼仪:在社交活动中,除了需要注意服装的选择外,更需要根据不同的场合要求佩戴不同的饰品。饰品的作用就是装饰,佩戴饰品要适度,无论男士还是女士佩戴饰品都要以简单大方而不引人注目为理想(图7-8)。

图7-6 西装穿着的礼仪要求　　图7-7 套裙穿着的礼仪要求　　图7-8 饰品礼仪

二、仪容礼仪

1.个人基础修饰

面部最基本的要求:保持面部干净清爽,无汗渍和油污等不洁之物;眼睛的分泌物和耳朵的分泌物要及时清理;保持牙齿洁白,口腔无异味。

整洁的头发配以大方的发型,会给人留下神清气爽的良好印象。健康、秀美、干净、清爽、卫生、整齐是对头发最基本的要求。

手臂的修饰分为手掌、指甲和汗毛三个部分。手掌是接触其他物体最多的部位，手的清洁与否反映出个人的修养和卫生习惯。指甲的长度以不超过手指指尖为宜。一般在外人和异性面前，腋毛是不应为对方所见的，需要清除干净。

2. 化妆修饰的注意事项

化妆的浓淡需要由时间和场合而定；不要在他人面前化妆；不要非议他人的化妆；不要借用他人的化妆品；化妆不要妨碍他人；男士化妆不要露痕迹；化妆整体要协调。

三、仪态礼仪

1. 姿势礼仪

（1）站姿：最容易体现姿势特征的是人处于站立时的姿势。女性应该是亭亭玉立，温文尔雅；男性应该是刚劲挺拔，气宇轩昂。

站姿的基本要求：直立，头正，颈梗，肩平，背直，胸挺，腹收，臀提，腰直，指并拢，双臂自然下垂或在体前交叉，双腿立直贴紧，脚跟相靠，双目平视，嘴唇微闭，面带笑容（图7-9）。

（2）坐姿：坐姿是人际交往中最重要的人体姿势，它反映的信息也比较丰富。端庄优美的坐姿，会给人以文雅、稳重、自然大方的美感。

坐姿的基本要求：入座时走到座位前，从左侧入座，背对座椅，右腿后退一点，使腿肚贴到椅子边以确定座椅的位置，上身正直，目视前方。入座时要轻、稳、缓。入座后上体保持自然正直或稍向前倾，双肩平正放松，立腰、挺胸，两手放在双膝上或两手交叉半握拳放在腿上，也可两臂微屈放在桌上，掌心向下。两腿自然弯曲，双脚平落地面，双膝应并拢或稍稍分开，但女士的双膝必须靠紧，两脚平行，臀部坐在椅子的2/3或2/1处。男士可坐满椅子，背部轻靠椅背。双目平视，嘴唇微闭，微收下颌，面带笑容（图7-10）。

（3）走姿：潇洒优美的走姿是人动态美中最具魅力的行为。走姿所产生的审美效果被人们誉为"行如风"，即潇洒得体的走姿犹如风行水面，轻快而飘逸，给人以美感。走姿应该做到：轻松、矫健、优美、匀速，正确的使用走姿会给人留下美好的印象。

走姿的基本要求：行走要轻稳，抬头挺胸，收腹立腰，上体正直，双肩平稳，双目平视，下颌微收，面带微笑，自然摆臂。起步时，身体稍向前倾，手臂伸直放松，手指自然弯曲，双臂以肩关节为轴向前、向后自然摆动，上臂带动前臂，以前摆35°、后摆30°为宜，肘关节略弯曲，前臂不要向上甩动，上体稍向前倾，提髋屈大腿带动小腿向前迈；正常的行走，脚印应是正对前方的，保持膝关节和脚尖正对前进的方向；然后脚尖略抬，脚跟先接触地面，依

图7-9 站姿

靠后腿将身体重心推送到前脚脚掌,使身体前移;行走线迹要成为"一条线"(女士)或"两条平行线"(男士)。正常步幅(前脚脚跟与后脚脚尖的距离)约一个脚长,步高高低适度,行走速度适宜(图7-11)。

(4)蹲姿:日常生活中蹲下捡东西或者系鞋带一定要注意自己的姿态,尽量迅速、美观、大方,保持端庄的蹲姿。在取低处物品或拾取落地物品时,切不可弯腰翘臀,而应该使用标准的蹲姿(图7-12)。

2. 表情礼仪

人的脸部表情是通过眼睛、眉毛、鼻子、嘴巴以及脸上的肌肉表现出来的。如表情明朗、刚强给人一种壮美的感觉;表情柔和、舒展给人一种优美的感觉;表情生硬、扭曲给人的感觉是生气、发怒。脸部表情在人际交往中应该是明朗、柔和的,女性"万种风情、尽在不言中"。构成表情礼仪的主要元素:一是眼神;二是微笑(图7-13)。

图7-10 坐姿　　图7-11 走姿　　图7-12 蹲姿　　图7-13 表情礼仪

(1)眼神:眼神是面部表情的第一要素,是一种真诚的、含蓄的语言。人们常说"眼睛是心灵的窗户"。眼睛能够最明显、最自然、最准确地展示自身的心理活动。炯炯有神的目光,体现对事业执着的追求;麻木呆滞的目光,表现对生活心灰意冷的态度;明亮欢快的目光,展现胸怀坦荡和乐观向上;轻蔑傲慢的目光,则拒人于千里之外;阴险狡猾的目光,说明为人虚伪、狡诈、刻薄。在社交活动中,恰到好处的目光应是坦然、亲切、和睦、有神的。

(2)微笑:笑容是人们在笑的时候呈现出来的面部表情,通常表现为脸上露出喜悦之情,还会伴着欢喜的声音。笑容是一种令人感到愉快的、悦人悦己发挥正面作用的表情。利用笑容可以缩短人与人之间的心理距离、打破障碍,深入沟通和交往,制造和谐、温馨的氛围。

四、言谈举止礼仪

谈吐,是有声的语言;举止,是无声的语言。前者有声,后者有形,声形皆备,共同表现出一个人的内在素质、外在气质以及交际水平与风格。在社交活动中,需要特别注意。

1. 交谈礼仪

中华民族是善于运用语言的民族。在交际活动中,言谈作为一种最基本的沟通形式,在很大程度上关系到交际行为的成败。"一言兴邦、一言丧邦""好言一语三冬暖,恶语伤人六月寒"都说明了言语的意义和作用。在谈吐上大凡豪放的人,语多激扬而不粗俗;潇洒的人,言谈优雅人不随便;谦虚的人,含蓄蕴藉而不猥琐;博学的人,旁征博引而不芜杂……日常谈吐不但能反映出一个人的修养、涵养,而且能表现出一个人的知识水平和精神世界(图7-14)。

图7-14 交谈礼仪

(1)说话的基本要求

说话需要注意练就好的嗓音和声音;

说话需要注意谈话的对象和时机;

说话需要注意正式场合和一般场合的区别;

说话需要把握语言的尺度和分寸。

(2)谈话的技巧:选择合适的主题;培养幽默的素质;考虑谈话的措辞。

2. 举止礼仪

举止是一种无声的"语言",反映一个人的素质,体现一个人的道德修养、文化水平,关系到一个人乃至组织的形象塑造。在与人交往过程中希望自己成为举止优雅受欢迎的人,就需要从平时的一点一滴做起(图7-15)。

(1)举止的礼貌:除了站、坐、走、蹲等仪态礼仪以外,在商务活动和日常生活中,某些动作也具有特殊的礼貌意义。

图7-15 举止礼仪

① 点头：这是与他人打招呼时的礼貌举止。点头打招呼，需要两眼看着对方，面带微笑，上体略微前倾15°左右。如果送迎的人距离比较远，可以点头致意或者握手配合。

② 举手：用于与对方远距离相遇或者仓促擦身而过打招呼的礼貌举止，表示出认出对方，但条件限制无法与对方交谈或停下来站住施礼，举手打招呼表示敬意是比较合适的方式。

③ 起立：常用于开会时重要嘉宾到达现场，在场者表示致敬。其他场合，重要人物到来或者离开，在场者一般都需要起立表示敬意。

④ 鼓掌：表示赞许或向别人表示祝贺的礼貌举止。在正式场合，重要的人物出现、精彩演讲、商务签字仪式等结束时，都需要用热烈的掌声来表示敬佩和祝贺。

⑤ 拥抱：表示亲密感情的礼貌举止。一般用于外事及迎来送往的场合，偶尔也用于久别重逢等难以用语言来表达强烈感情的特殊场合。

（2）个人礼仪的其他要求：在各种交际场合中，我们每个人都应当稳重自持，尊重对方，不卑不亢，落落大方。同时还需要注意以下几点（图7-16）：

① 注意个人和公共卫生；

② 遵守时间、遵守约定；

③ 正确地使用手势；手势应该准确、规范、符合礼节要求。

图7-16 举止的要求

五、求职礼仪

（一）求职的准备

什么是求职礼仪？求职礼仪是求职者在求职过程中与招聘单位接触时，应具有的礼貌行为和仪表形态规范。求职礼仪是公共礼仪的一种，它是通过求职者的应聘资料、语言、仪态举止、仪表、着装打扮等方面体现出来的（图7-17）。一般而言，求职准备包括三大内容：一是心理上的准备：了解自己的长处和优势以及公司需要招聘人才的方向；二是材料上的准备：简历的准备，证书和证明材料的准备；三是认识上的准备：了解市场就业形势和用工单位的性质、福利等。

图7-17　求职面试礼仪

（二）面试的礼仪

得体的仪表、文雅的举止，是一个人基本素质的外在表现，不仅能赢得他人的信赖，给人留下良好的第一印象，还能增强人际吸引力。在现今社会中，越来越多的用人单位开始意识到求职者的仪表、举止与个人素质之间的联系。不注重礼仪必然会影响求职择业，因此仪表、举止不雅而在求职面试中痛失良机的也不乏其人。

1. 求职面试礼仪

（1）仪表形象

① 化妆要恰当：女性在应聘面试时应适当化妆，会显得更有精神、更靓丽，但不宜浓妆艳抹，要自然协调，充分体现出女性美好的形象。女士头发要梳理整齐，男士要洗净头发、刮净胡须。现代社会中，具有较高审美情趣，懂得适当的打扮自己是必不可少的技能之一。

② 服饰要得体：需要选择庄重、素雅大方的服饰，显示稳重、文雅的职业形象。男士宜着西装，颜色以灰色、深蓝色为主；女士宜着套裙，颜色以黑白、深蓝、灰色为主。切忌穿有破损的服饰：丝袜破洞、衣服掉了纽扣、开线等；超短的裙子、漏脚趾的鞋子、腿上不穿丝袜、沾满灰尘的皮鞋等，这些都是不雅观的表现。

③ 表情姿态要正确：人的姿势是身体的语言，必须保持正确的姿态：眼神要注视对方，

图7-18 言谈举止

不要游离不定；面容要略带微笑，不要表情严肃；面试过程中的走、站、坐等姿势都需要注意，时刻保持优雅。

（2）言谈举止（图7-18）

① 赴约要准时：约定好的时间一定要提前5～10分钟到达指定地点，修饰和整理好妆容和服饰，将皮鞋上的尘土擦干净。

② 就座要讲究：座位有上下尊微之别，面试者就座时应选择合适的位置。在面试过程中，有用人单位领导、专家和面试官组成的人员，应试者尽量选择他们的下座，有指定的椅子需要坐指定的位置。需要等面试官都坐好，面试者才能坐下。

③ 举止要谨慎：在面试过程中，站、坐、走等姿势需要特别注意，不能在面试前和面试时吸烟，进入面试场所应该先敲门，还应随手带上纸巾和手帕。

④ 言谈要有度：回答问题要态度从容、不卑不亢，抓住重点尽快组织语言，不要离题、不要啰唆。回答问题声音不能太小，语速不能过快，音调不宜过高，不能出现文明忌语，不能夸夸其谈，必须诚实回答。

⑤ 告别有礼貌：面试结束后，勿忘起身后将椅子放回原位，离开时轻轻关门，与工作人员礼貌地打招呼离开。

2. 面试后礼仪

（1）诚心诚意地感谢考官：通过微信、邮件等形式表示谦虚。

（2）耐心细致地打电话询问：可以使用通知面试的电话，询问面试结果，最多打三次电话就可以了。

（3）心平气和地接受面试结果：作为求职者正确的面对自己的面试结果，也是自身素质的一种体现。面试成功与否都要很快地接受结果，而不是立刻表现自己的小情绪。

（三）上岗礼仪

（1）岗位职责：准时上下班，遵守劳动纪律；保持良好的自我形象并树立自信心；全面了解规章制度；熟练掌握工作内容。

（2）爱岗敬业：工作一段时间后新鲜感过去了，仍要不断的努力学习，做好领导交代的每一件事情。

（3）搞好人际关系：尊重领导，维护上司的权威；与同事互相帮助、共同进步；对待下属应以身作则，做到公平、公正的原则。

第八章
个人形象塑造中的语言表达艺术

图8-1　语言表达

语言表达艺术是基于文学性，强调逻辑性、创意性、心理性的综合表现艺术，它强调对不同受众或不同目的而采取不同的语言组织策略，从而取得最佳表达的效果（图8-1）。

进入信息时代后，人们的沟通、交流、交际更加依赖口头表达，能说会道的人往往更能赢得人心，从而获得良好的人际关系。语言表达中声音决定了38%的第一印象，当别人看不到你的时候，听觉是极其敏感的。你的声音、语速、语调和表达能力直接影响你的个人形象和可信程度。

第一节　演讲的语言表达艺术

演讲是一门语言的艺术（图8-2），又叫讲演或演说，是指在公众场合，以有声语言为主要手段，它旨在调动起听众情绪，并引起听众的共鸣，从而传达出你所要传达的思想、观点、感悟。

图8-2　演讲中的互动

一、演讲的概述

演讲的发源地在希腊，重点强调的是现场效应。在希腊的荷马时代，演讲为人们解惑、明理、激发人们的斗志等。

1. 什么是演讲

演讲是演讲者在特定的情境中，运用有声语言和无声语言，公开向听众传达信息、表达见解、抒发情感，从而影响和感召听众的一种现实的信息交流活动。

2. 演讲的属性

（1）统一性　演讲具有统一性，它是通过口语表达，运用动作语言把感情流露出来的一种视觉行为。必须以"讲"为主、以"演"为辅，两者同时表达才会让演讲变得精彩。

（2）艺术性　演讲具有艺术性是指它的整个过程中，对形象、语言、声音、环境都需要用艺术的眼光来对待，形成一种相互依存和协调的美感。

（3）鼓动性　演讲具有鼓动性。通过演讲者的形象、声音、姿态和演讲的节奏、环境等因素，让听众随着演讲者的感情变化而变化，鼓动性是一场演讲是否成功的重要标志。

（4）临场性　演讲一般需要临场发挥而不能按照背诵或照着稿件读的方式，需要有情感表达的临场发挥、与观众临场互动等等。

3. 演讲的类型

以内容为标准划分，演讲可分为学术演讲、政治演讲等。

（1）学术演讲　是表达学术观点、报告科学研究成果的演讲。学术演讲运用的范围比较广泛：包括学术会议上的发言、学位论文的答辩、高等学校中的学术讲座、各种治学和创作的经验报告等。

学术演讲具有严谨的科学内容，需要实事求是、内容完整、资料翔实等。但是同时很多专业术语需要通过通俗易懂的语言转化、举例子等让听众能够在短时间内听明白。

（2）政治演讲：是有关政治内容和政治活动的演讲，是代表一定政治立场和团队利益的演讲。

政治演讲与其他演讲比起来，具有一定的逻辑性和严谨性以及强烈的鼓动力量。

二、演讲前的准备工作

一场成功的演讲即使有实力的人也需要周密的准备和反复的练习。"机会是留给有准备的人"，想要演讲成功，一定要精心的准备。

1. 听取观众的意见

演讲不同于交谈中的沟通，是以演讲者为中心，偏重于演讲者向观众传递信息和情感的单项交流，听众一般很少插话，可能会有互动环节。观众的文化层次、职业层次、心理需求等都会对演讲有制约作用。演讲者需要通过了解观众的习惯、观众的心声、观众的目标、观众的反映来确定演讲主题。

2. 稿件内容的准备

（1）主题的确定　主题的确定其实就是演讲内容中心思想和主题思想的确定。选题必须引起观众的兴趣和共鸣，同时必须具有一定的意义。

（2）材料的收集　材料的收集需要准备核心素材、辅助素材、拓展素材三个部分。核心素材是指演讲时必须使用的、引导整个演讲的素材；辅助素材是指在互动环节或者展开论证时添加补充的素材；拓展素材是指演讲过程中作为时间补充或者相近话题展开的素材。

（3）工具的准备　现在的演讲辅助工具很多，大多数人会运用投影进行PPT的讲解、视频影像的补充、实物的讲解与展示。以前是使用麦克风或者话筒，现在都使用无线耳麦等更先进、更简便的声音传播工具。

（4）开场白、结束语的准备　好的演讲都会有一个吸引观众的开场白，让观众对这个话题感兴趣，非常渴望继续听下去；好的演讲都会有一个巧妙的点题的结尾，重温一下整个演讲过程中提到的关键词、关键句、关键目标等。最好的演讲不是在提问中结束，而是在观众兴趣达到高潮时结束。

3.演讲者心理的准备

很多的演讲者在没有面对观众的时候都讲得很不错，但是一看到台下的很多的观众就会出现严重的怯场。演讲者最好能进行预演练习，控制演讲的时间、层次和节奏，强化演讲内容和工具的配合以及声音大小的控制。

三、演讲语言的表达技巧

演讲是一门综合艺术，即需要"演"也需要"讲"，将有声语言表达和姿态语言表达结合起来，以"讲"为主、以"演"为辅，运用演讲表达技巧，让整个演讲能够表达得更加清晰（图8-3）。

图8-3　演讲的技巧

1.有声语言表达技巧

演讲首先是一门听觉艺术，演讲语言需要大家进行思想上的交流、情感上的表达、信息上的传递。演讲者需要把握相关的表达技巧。

（1）紧扣演讲主题　需要在演讲前将主题抛出去吸引观众的注意力和兴趣点，让大家能够很迅速地理解演讲的内容、演讲的层次、演讲需要解决的问题。

（2）明确演讲内容　很多的演讲中会有一些专业名词和学术语言，很多的非专业领域观众很难理解在某种环境下的语境内涵和意思，需要演讲者的语言通俗易懂；很多演讲内容会出现专业术语比较枯燥难懂，需要演讲者用幽默的语言让观众明白其中的意思；很多演讲的内容需要简洁明快而不能长篇大论。

（3）安排演讲过程　在演讲过程中需要强化演讲效果，在语言的语气和情感上与听众引起共鸣。可以安排排比句来说理，让论述更加严谨；安排叙事的方式，让事实更加集中完整；安排抒情的方式，让情感的抒发更加奔放。

2. 姿态语言表达技巧

姿态语言表达是通过人体的姿态形成的思想和情感交流的一种方式。我们的手势表达、表情表达、肢体表达都是演讲中不可或缺的内容。

（1）手势表达　运用手势表达时，需要自然协调，符合演讲内容和观众的文化心理，符合演讲者的身份和气质等。但是在任何场景下，都不要把手放到裤兜内或者手臂不自然的交叉。

（2）表情表达　表情的表达是演讲者通过表情与观者交流和引导。表达时眼神要丰富，不能总眨眼睛，也不能眼神飘忽不定。做到表情不夸张、不做作、不虚伪，要真诚、自然、真挚。

（3）肢体表达　演讲过程中需要挺胸收腹，精神饱满，全身放松，身体挺拔等。肢体语言表达要恰当，随着演讲内容的变化会变换不同的肢体表达方式。

第二节　面试的语言艺术表达

一、概述

求职面试是每一位学生迈向社会的第一步（图8-4），文凭的获取只是通行证。在求职面试的竞争过程中，需要对求职面试的语言艺术进行恰如其分的把握。在当今竞争激烈的社会，如何利用语言表达艺术通过面试是找到合适工作的第一步，也是非常关键的一步。充分掌握面试中语言的表达艺术，是当代大学生和求职者必备的素质。

1. 求职面试的类型

（1）常规面试　面对面的问答形式，事先约定时间和地点进行15～20分钟面谈。需要面试者提供自我介绍、个人能力展示、个人作品等内容。

（2）情景面试　通过对案例分析、突发状况处理等模拟场景进行面试。让求职者的能力和素养进行发挥，准确考察面试者的职业素养和职业能力。

（3）特色面试　通过特殊专业能力展示进行面试的一种形式。例如教师的试讲和说课、专业技能工种的实际操作等是对专业熟练程度和职业操守的

图8-4　大学生求职面试

一种考量办法。

2. 求职面试的要求

面试主要是面对面的一种表达方式，需要面试者对自己的个人简历、语言表达、专业能力等方面进行有亮点的展示。

二、面试前的准备工作

1. 应聘单位和职位的了解

在面试前求职者需要对应聘单位的行业地位、财务状况、工作风格、研发方向和应聘职位的专业知识、专业能力、专业水平等要求进行了解和掌握。

2. 应聘心态和内容的准备

应聘时需要将自己的优势进行自信的展示，对于自身评价进行肯定。在面试准备方面需要将自己的各类证书进行分类和复印以备不时之需；将自己受教育情况、工作能力、社交能力、价值观等进行详细的总结，同时在面试中不经意地穿插到考官的问题中。

3. 应聘礼仪和细节的准备

首先自己的个人卫生要整洁：指甲干净、发型干练、服装整齐、鞋子干净等；其次面试的服装要与应聘职位相符合，可以适当地化淡妆；应聘者的仪态一定要真诚，举止要优雅，语言要文明。

三、面试语言的表达技巧

1. 自我介绍的语言艺术

自我介绍在面试中非常重要：在介绍自己的个人信息后，需要抓住重点将自己的特长和优势进行精确的表达。不同的职业需要不同的专业能力，把握好分寸，恰如其分地评价自己，充分展现自己的才能和自信（图8-5）。

在面试官问问题的时候需要思考后迅速回答，既不能信口开河也不能自卑懦弱；很多面试其实也是考察求职者的心理素质和应变能力，最好能沉着应对。

2. 自我介绍的礼仪艺术

在整个面试过程中除了语言的表达艺术以外，很多的行为也需要注意：例如握手、坐姿等肢体语言的表达；表情不要太凝重，需要放松，眼神需要柔和而不要紧盯面试官等。

图8-5　自我介绍的语言艺术

第三节　社交语言的表达技巧

一、概述

社交就是社会交往,指社会上人与人之间为了满足某种需求进行的正常交往、联系和相互影响。

社交口才是指与人打交道过程中的语言表达能力,又称交际口才。语言表达和交流方式在不同场合要求有所不同。有的人语言得体、机智敏捷能够应付任何场合;有的人语言不得体,遭人误解或者冷眼,万事不顺(图8-6)。

图8-6　社交语言的表达技巧

二、社交语言的基本原则

1.说话要有分寸

社交语言讲究理解,需要满足人们普遍的需求和标准,说话要能够增加感情,为交往创造氛围,为社交留下好印象。

2.语言要简练

语言需要言简意赅:不能废话连篇,让听的人觉得你讲的内容非常的啰唆,要简练和适量,把需要说清楚的事情讲明白就可以了。

3.语气要适度

在社交过程中一定要注意说话的语气:少用祈使句和反问句,多用陈述句和一般疑问句;

少用命令的口吻，多用委婉和征询的语气。

三、社交语言的表达艺术

1. 打招呼

任何社会交往都需要先与人打招呼，这也是别人对你的第一印象。对方的称呼是至关重要的一个环节；交往的寒暄也是引入话题的好方式；面部表情和身体动作也是我们打招呼的一种形式。

2. 会介绍

社交中不但需要会介绍自己，也要会介绍身边的人。向爱人介绍朋友；向女士介绍男士；向长辈介绍晚辈；向地位高的人介绍地位低的人等，都需要会介绍。一般会说出原因或者找到两个人的共同点等让双方都引起注意。

3. 需赞美

每个人都渴望被别人赞美和肯定，这样可以获得鼓励和满足感。恰如其分的赞美能够让人感觉到你的真诚。不同职业的人可以运用不同的词语来夸奖：如果是女孩子可以赞美她长得可爱、年轻漂亮；如果是刚工作的年轻人你可以说他吃苦耐劳、专业技术强；如果是商人你可以说他生财有道、乐于公益等。

4. 敢说不

很多的拒绝不能一口回绝，需要用更诚恳的态度婉转地表达一下想法。可以通过利害关系让对方理解；可以坦诚相告；也可以委婉含蓄地表达自己的意思。

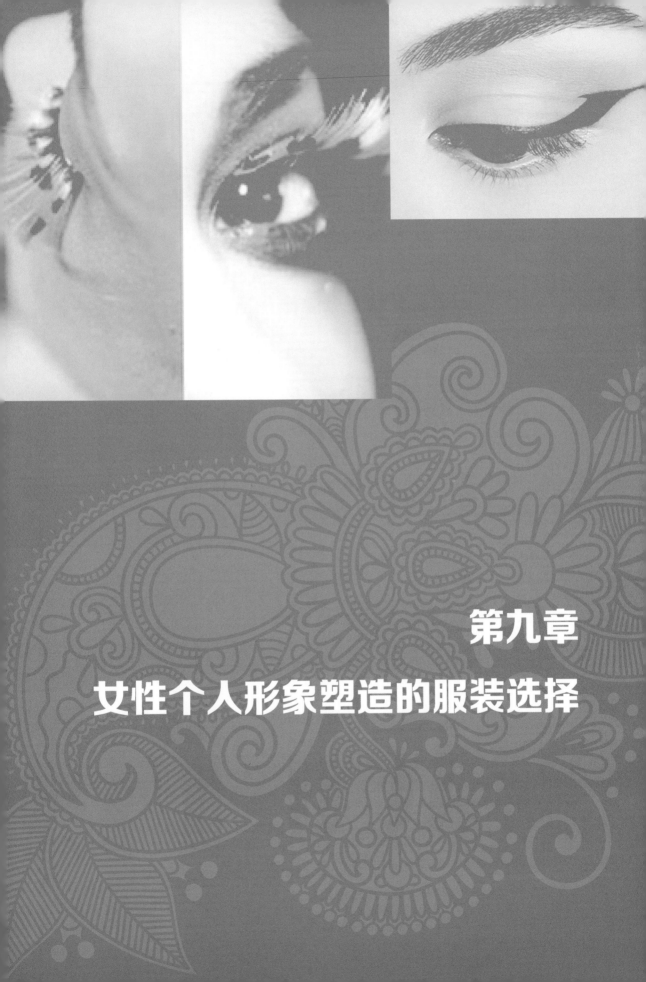

第九章
女性个人形象塑造的服装选择

第一节 经典必备单品

一、铅笔裙

铅笔裙,也叫弹性窄裙。因像铅笔一样笔直而得名,这种紧紧包住下身曲线的裙子,长度一般过膝,铅笔裙对于身材的要求极高,如果你属于"竹竿型"身材,那么这款裙子将是展现你所有身材优点的服装类型,也是所有裙装当中最基本的搭配款式(图9-1)。

图9-1 铅笔裙

二、直筒裤

直筒裤的裤脚口,一般均不翻卷。由于脚口适中,裤管挺直,所以有整齐、稳重之感。在裁剪制作时,臀围可以略紧。裤子可以略微长一些,将鞋面盖住会显得腿更长(图9-2)。

图9-2 直筒裤

三、针织衫

前开襟长袖针织衫,黑色的、灰色的、驼色的,每个女人的衣橱中都会有几件。针织衫拥有暖暖的、悠闲的、居家的气质和感觉,也是非常容易搭配的单品之一(图9-3)。

图9-3 针织衫

四、风衣外套

风衣是外套类服装,一种防风的轻薄型大衣。风衣有百年的历史,风衣具有造型灵活多变、健美潇洒、美观实用、富有魅力等特点(图9-4)。

图9-4 风衣外套

五、饰品

饰品是用来装饰的物品，随着大家越来越重视自己的仪容仪表，对饰品的要求也越来越高了（图9-5）。

图9-5 饰品（高跟鞋、帽子、眼镜）

第二节 性感必备单品

一、小黑裙

小黑裙线条简洁、剪裁完美、备受喜爱，黑色意味着安全、低调、神秘、优雅。小黑裙所体现出来的品位和高级感，总是让穿着的人觉得没有选错衣服（图9-6）。

图9-6 小黑裙

二、喇叭裤

穿着喇叭裤会像变魔术一样,因为穿上它后,双腿会变得又细又长,上衣无论穿什么都会显得很时髦。如果搭配高跟鞋或者松糕鞋,在视觉上身材就会更显高显瘦(图9-7)。

图9-7 喇叭裤

三、比基尼

蔚蓝的大海,美丽的沙滩总代表着美好与自由。而在沙滩上穿着比基尼晒太阳能够让皮肤充分地接触大自然。比基尼最重要的并不是彰显女性身材而是代表了一种精神、一种自信、一种状态。比基尼带给女性的是对穿衣打扮束缚的挑战,也是性感的体现(图9-8)。

图9-8 比基尼

第九章 女性个人形象塑造的服装选择

四、公主线裙

公主线是从肩部往下延的偏中间的线条，是服装中的一种分割线，让服装合身却不紧身，在裙装中的应用备受女性喜爱（图9-9）。

图9-9 公主线裙

第三节 职场必备单品

一、西装

西装外套给人力量感、严肃感、权威感，一般与社会身份和工作地位息息相关。一件好的西装通常裁剪贴身，凸显女性身材的曲线美。近几年流行的宽松西装打破了传统西装外套古板的造型，让女性更潇洒、有气场（图9-10）。

二、衬衫

几乎每个人都有衬衫。一件简单的基础单品，能与所有服饰搭配。彰显气质，非衬衫莫属了，尤其是白衬衫（图9-11）。

三、马甲

传统意义上来说，马甲属于男士正装。但作为时尚单品，马甲也占了一席之地，如现在的羽绒马甲、西装式的马甲等都是职业女性或者追求潮流的时尚人士不能缺少的单品（图9-12）。

图9-10 西装

图9-11 衬衫

图9-12 马甲

第九章 女性个人形象塑造的服装选择

第四节　具体穿着方案

一、经典穿着方案

1. 宽松款式穿着（图9-13）

同色系长外套和内搭给梨形身材的女性提供了一套非常完美的服装搭配。腰带对上半身和下半身有明显的分割线作用，长款的内搭和深色的外裤将臀部肥胖的缺点进行掩盖，长款外套也能够显得飘逸。此套搭配不适合个子比较矮的女性。

2. 干练款式穿着（图9-14）

上衣和裤子还有鞋子颜色的搭配属于同色系搭配，从正面看有一条纵向的线条贯穿整套服装。外套的深颜色能够起到拉高身材的作用，突显干练。此套搭配适合矮个子女性。

3. 飘逸款式穿着（图9-15）

此款裙子是斜向设计，重点放在下半身。适合肩部需要隐藏缺点的女性，多在休闲的场合穿着。

图9-13　宽松款式穿着

图9-14　干练款式穿着

图9-15　飘逸款式穿着

4. 休闲款式穿着（图9-16）

大衣可以和牛仔裤搭配，可以和毛衣搭配，可以和直筒裤搭配，也可以根据服装的颜色进行不同的搭配。

图9-16　休闲款式穿着

二、性感穿着方案

1. 香肩展示穿着（图9-17）
对于肩部线条较好，胳膊比较纤细的女性，比较适合露肩搭配，突出上半身线条。

2. 美腿展示穿着（图9-18）
对于腿部线条匀称、腿纤细修长的女性，比较适合穿露腿设计的服装。

3. "事业线"展示穿着（图9-19）
选择有设计感的深领上衣或裙装，可以展现出女性独有的曲线美感。

图9-17　香肩展示穿着　　　图9-18　美腿展示穿着　　　图9-19　"事业线"展示穿着

4. 用装饰展示性感（图9-20）

很多礼服通过亮片和羽毛进行装饰，展示出女性性感的一面，在搭配中比较常见。

图9-20　用装饰展示性感

三、职场穿着方案

1. 基本款穿着（图9-21）

一般职场会通过衬衫、铅笔裙、西服套装等基本的款式进行搭配，通过不同的颜色变化和领子款式变化进行展示。

图9-21　基本款穿着

2. 个性款穿着（9-22）

现在的职场也会有一些个性化的穿着方式，如偏休闲的套裙，连衣裙搭配腰带、胸针、高跟鞋等，都是现在职场中展示个性化的穿着。

图9-22　个性款穿着

参考文献

[1] 史焱. 不靠体型靠造型. 北京：中国青年出版社，2014.

[2] 罗福荣，杨琼. 口才与演讲. 吉林：吉林大学出版社，2010.

[3] 王静. 识对体型穿对衣. 广西：漓江出版社，2011.

[4] 西曼. 女性个人服饰风格分册. 北京：中国纺织出版社，2014.

[5] 韩雪飞. 基础化妆. 2版. 北京：化学工业出版社，2019.